Mathematik

Gymnasium (G8)

7./8. Schuljahr

von
Tanja Reimbold

WISSEN OK!

Klett Lernen und Wissen

Tanja Reimbold ist Gymnasiallehrerin für die Fächer Mathematik und Physik in Baden-Württemberg.

Bibliografische Information der Deutschen Nationalbibliothek
Die Deutsche Nationalbibliothek verzeichnet diese Publikation in der Deutschen Nationalbibliografie; detaillierte bibliografische Daten sind im Internet über http://dnb.d-nb.de abrufbar.

Auflage 4 3 2 1 | 2010 2009 2008 2007
Die letzten Zahlen bezeichnen die Auflage und das Jahr des Druckes.

Internetadresse: http://www.klett.de
Umschlaggestaltung: VIER FÜR TEXAS* Ideenwerk, Frankfurt/Main
Grafiken: Meyle + Müller, Medien-Management, Pforzheim; Steffen Jähde, Berlin (S. 6, 14, 16, 18, 24, 62, 76, 94, 114, 118)
Illustrationen: Sven Palmowski, Barcelona
Satz: Meyle + Müller, Medien-Management, Pforzheim
Reproduktion: Meyle + Müller, Medien-Management, Pforzheim
Druck: Druckerei Wirtz, Speyer
Printed in Germany

ISBN 978-3-12-926013-5

9 783129 260135

Inhalt

1 Prozent- und Zinsrechnung

Prozentrechnung 6
Anteil am Ganzen 8
Prozentsatz 10
Grundwert 12
Zinsrechnung 14

2 Wahrscheinlichkeitsrechnung

Zufallsexperimente 16
Wahrscheinlichkeit 18
Laplace-Experiment 20
Summenregel 22
Baumdiagramme 24

3 Terme und Gleichungen

Terme 26
Termumformungen 28
Gleichungen 30
Ungleichungen 32

4 Funktionen

Zuordnungen 34
Proportionale Zuordnungen 36
Antiproportionale Zuordnungen 38
Funktionen: Allgemeines 40
Proportionale Funktionen 42
Lineare Funktionen 44
Spezialfälle von Geraden 46

Inhalt

5 Lineare Gleichungen

Allgemeines 48
Gleichungen mit 2 Variablen 50
Lineare Gleichungssysteme 52
Gleichsetzungsverfahren 54
Einsetzungsverfahren 56
Additionsverfahren 58

6 Reelle Zahlen

Reelle Zahlen 60
Quadratwurzeln 62
Rechenregeln 64

7 Potenzfunktionen

Normalparabel 66
Verschieben der Normalparabel 68
Strecken und Spiegeln 70
Quadratische Funktion 72
Scheitel- und Normalform 74
Optimierungsprobleme 76
Potenzfunktion 78
Quadratwurzelfunktion 80

8 Quadratische Gleichungen

Allgemeines 82
Lösungsverfahren 84
Binomische Formeln 86

Gleichung $x^2 = r$ 88
Gleichung $(x-d)^2 = r$ 90
Ergänzung 92
Erste Lösungsformel 94
Zweite Lösungsformel 96

9 Grundkonstruktionen

Winkel an Geraden 98
Winkelsummen 100
Besondere Dreiecke 102
Zusammenhänge im Dreieck 104
Abstände 106
Mittelsenkrechte 108
Senkrechte zu einer Geraden 110
Winkelhalbierende 112
Um- und Inkreis 114
Satz des Thales 116

10 Kongruenz

Kongruente Figuren 118
Kongruente Dreiecke 120
Schnittfiguren 122

Karteikarten

Spickzettel innere Umschlagseiten

Prozente

Bei Rabattaktionen findest du manchmal die Angabe:

„Heute zusätzlich 20 % Rabatt auf alle Kleidungsstücke".

Anteile kann man z. B. als Bruchteil oder in Prozent angeben:
$\frac{1}{4}$ bedeutet z. B. $\frac{1}{4}$ eines ganzen Kuchens oder in Prozent 25 % eines ganzen Kuchens.

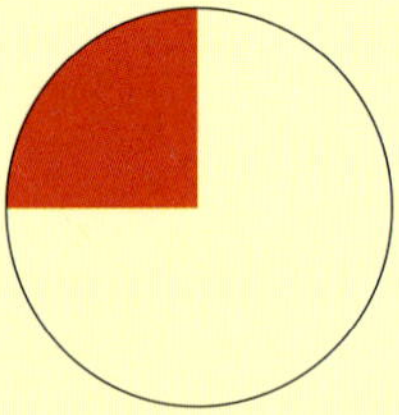

$\frac{1}{4}$

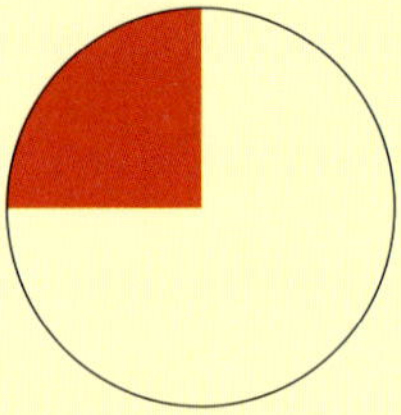

25 % eines Ganzen

Für 25 % schreibt man auch $\frac{25}{100} = \frac{1}{4}$.

Allgemein gilt: $p\,\% = \frac{p}{100}$

Tipp: Kann man bei einem Bruch den Nenner nicht auf 100 erweitern, so dividiert man den Zähler durch den Nenner und erhält so die Prozentangabe.

Beispiel

1. Brüche in Prozentschreibweise umrechnen

Gib folgenden Brüche in Prozent an:

a) $\frac{3}{5} = \frac{60}{100} = 60\,\%$

b) $\frac{17}{80} = 17 : 80 = 0{,}2125 = \frac{21{,}25}{100} = 21{,}25\,\%$

c) $\frac{1}{6} = 1 : 6 = 0{,}1666666\ \ldots = 0{,}167 = \frac{16{,}7}{100} = 16{,}7\,\%$

2. Prozente in Brüche umwandeln

Wandle die Prozentangaben in Brüche um und kürze diese vollständig:

a) $15\,\% = \frac{15}{100} = \frac{3}{20}$

b) $3{,}6\,\% = \frac{3{,}6}{100} = \frac{36}{1000} = \frac{9}{250}$

c) $27\,\% = \frac{27}{100}$

3. Prozente vergleichen

Welche Zahl ist größer: 30 % oder $\frac{2}{5}$?

$30\,\% = \frac{30}{100} = \frac{3}{10}$ $\qquad \frac{2}{5} = \frac{4}{10}$

Antwort: $\frac{2}{5}$ ist größer als 30 %.

Wissen kurz gefasst ✓

Anteile an einem Ganzen kann man in Prozent angeben. Dabei bedeutet:

$$p\,\% = \frac{p}{100}$$

Anteil am Ganzen

Du kannst Brüche in Prozentangaben umwandeln und umgekehrt.
Um weitere Fragestellungen in der Prozentrechnung bearbeiten zu können, hat man günstigere Bezeichnungen eingeführt.

Grundbegriffe der Prozentrechnung

Wie in der Bruchrechnung werden auch in der Prozentrechnung Anteile an einem Ganzen berechnet. Deswegen kannst du die Begriffe der Bruchrechnung auf die Prozentrechnung übertragen:

Bruchrechnung:	$\frac{3}{4}$	von	100 g	sind	75 g
	↑		↑		↑
	Anteil		Ganzes		Anteil am Ganzen
Prozentrechnung:	75 %	von	100 g	sind	75 g
	↑		↑		↑
	Prozentsatz p %		Grundwert G		Prozentwert W

Berechnung des Prozentwertes

Wie viel sind 30 % von 270?

$W = 30\,\% \cdot 270 = \frac{30}{100} \cdot 270 = 81$

Allgemein:

Wie viel sind p % von G?

$W = p\,\% \cdot G = \frac{p}{100} \cdot G = \frac{p \cdot G}{100}$

Du kannst den Prozentwert auch mithilfe des Dreisatzes berechnen.

Tipp

Beispiel

1. Einsetzen in die Formel

Wie viel sind 20 % von 780 €?

$p\% = 20\%$; $G = 780$ €

$W = \frac{p \cdot G}{100} = \frac{20 \cdot 780\text{ €}}{100} = 156\text{ €}$

2. Dreisatz

Wie viel sind 30 % von 690 g?

: 100	100 %	690 g	: 100
· 30	1 %	6,9 g	· 30
	30 %	207 g	

Wissen kurz gefasst ✓

In der Prozentrechnung gibt es folgende Grundbegriffe:
Prozentsatz: p %; Prozentwert: W; Grundwert G

Den Prozentwert berechnet man, indem man den Prozentsatz mit dem Grundwert multipliziert.

$$W = p\% \cdot G = \frac{p}{100} \cdot G = \frac{p \cdot G}{100}$$

Prozentsatz

Im Jahr 2005 betrug die Einwohnerzahl von Stuttgart 592 028. Davon waren 290 853 Männer und 301 175 Frauen. In München betrug die Einwohnerzahl im gleichen Jahr 1 288 307. Davon waren 52 % weiblich und 48 % männlich.

Wie viel Prozent der Einwohner in Stuttgart waren männlich?

Berechnung des Prozentsatzes

Wie viel Prozent sind 40 von 200?

$p = \frac{40}{200} \cdot 100 = 20$ bzw. $p\,\% = \frac{40}{200} \cdot 100\,\% = 20\,\%$

Allgemein:

Wie viel Prozent sind W von G?

$p = \frac{W}{G} \cdot 100$ bzw. $p\,\% = \frac{W}{G} \cdot 100\,\%$

Auch hier kannst du selbstverständlich den Dreisatz verwenden.

Beispiel

1. Einsetzen in die Formel

Wie viel Prozent sind 56 von 287?

$W = 56;\ G = 287$

$p\,\% = \frac{W}{G} \cdot 100\,\% = \frac{56}{287} \cdot 100\,\% = 19{,}5\,\%$

2. Dreisatz

Wie viel Prozent sind 88 von 445?

	445	100 %	
: 445	1	$\frac{100}{445}\,\%$	: 445
· 88	88	$88 \cdot \frac{100}{445}\,\% = 19{,}8\,\%$	· 88

Wissen kurz gefasst ✓

Den Prozentsatz berechnet man, indem man den Prozentwert durch den Grundwert dividiert und das Ergebnis mit 100 % multipliziert.

$$p\,\% = \frac{W}{G} \cdot 100\,\%$$

Grundwert

Zu unserem
50-jährigen Jubiläum
verkaufen wir unsere
Computer
15 % unterhalb
des regulären Preises.
So kostet ein
3 GHz Pentium 4
heute
nur 699 €

Wie hoch war der reguläre Preis ?

Berechnung des Grundwertes

Wie hoch ist der Grundwert, wenn 20 % vom Grundwert 48 beträgt?

$G = 48 : 20\,\% = 48 : \frac{20}{100} = 48 \cdot \frac{100}{20} = 240$

Allgemein:

Wie hoch ist G, wenn p % von G gleich W ist?

$G = W : p\,\% = W : \frac{p}{100} = W \cdot \frac{100}{p}$

Auch hier kannst du selbstverständlich den Dreisatz verwenden.

Beispiel

1. Einsetzen in die Formel

125 km sind 35 % von G

$W = 125\,\text{km};\ p\,\% = 35\,\%$

$G = W \cdot \frac{100}{p} = 125\,\text{km} \cdot \frac{100}{35} = 357\,\text{km}$

2. Dreisatz

43 € sind 78 % von G

: 78	78 %	43 €	: 78
· 100	1 %	$\frac{43\,€}{78} = 0{,}5513\,€$	·100
	100 %	$\frac{43\,€}{78} \cdot 100 = 55{,}13\,€$	

3. Eine Waschmaschine kostet 1299 € mit Mehrwertsteuer. Wie viel kostet die Waschmaschine ohne Mehrwertsteuer?

Hinweis: Der Grundwert ist der Preis ohne Mehrwertsteuer.

Geg.: W = 1299 €; p % = 119 %

Ges.: G

Rechnung: $G = W \cdot \frac{100}{p} = 1299\,€ \cdot \frac{100}{119} = 1091{,}60\,€$

Antwort: Ohne Mehrwertsteuer kostet die Waschmaschine 1091,60 €.

Wissen kurz gefasst ✓

Den Grundwert berechnet man, indem man den Prozentwert durch den Prozentsatz dividiert.

$$G = \frac{W}{p\%} = W \cdot \frac{100}{p}$$

Zinsrechnung

Grundbegriffe der Zinsrechnung

Willst du die Zinsen für einen Monat oder ein Jahr berechnen, so gehst du wie bei der Prozentrechnung vor. Es werden nur andere Begriffe verwendet:

Prozentrechnung	Zinsrechnung
Grundwert G	Guthaben oder Kapital
Prozentwert W	Zinsen
Prozentsatz p %	Zinssatz

Berechnet man das Kapital für mehrere Jahre, so werden am Ende eines Jahres die Zinsen berechnet und dem Guthaben hinzugefügt. Diese Zinsen werden im darauffolgenden Jahr auch mit verzinst, man spricht dann von **Zinseszinsen**.

Beispiel

1. Karin hat am Anfang des Jahres auf ihrem Sparbuch ein Kapital von 500 €. Der Zinssatz beträgt 3,5 %.

a) Wie viele Zinsen erhält sie am Jahresende?
b) Wie viele in einem Monat ?

Geg.: G = 500 €; p % = 3,5 %

a) Ges.: W
Rechnung: $W = G \cdot \frac{p}{100} = 500\,€ \cdot \frac{3{,}5}{100} = 17{,}50\,€$

Antwort: Am Jahresende erhält sie 17,50 € Zinsen.

b) Ges.: Zinsen für einen Monat
Rechnung: 17,50 € : 12 = 1,46 €
Antwort: Sie erhält jeden Monat 1,46 € an Zinsen

2. Georg legt 4000 € für 5 Jahre an. Für die ersten beiden Jahre erhält er 2 % Zinsen, für die restliche Zeit 4 %. Wie hoch ist sein Kapital nach 5 Jahren?

Geg.: G = 4000 €; Zinsen für Jahr 1 und 2: p % = 2 %; Zinsen für Jahr 3, 4 und 5: p % = 4 %
Ges.: Kapital nach 5 Jahren.
Rechnung:

Jahr 1: $W = 4000\,€ \cdot \frac{2}{100} = 80\,€$; Kapital: 4080 €

Jahr 2: $W = 4080\,€ \cdot \frac{2}{100} = 81{,}60\,€$; Kapital: 4161,60 €

Jahr 3: $W = 4161{,}60\,€ \cdot \frac{4}{100} = 166{,}46\,€$; Kapital: 4328,06 €

Jahr 4: $W = 4328{,}06\,€ \cdot \frac{4}{100} = 173{,}12\,€$; Kapital: 4501,18 €

Jahr 5: $W = 4501{,}18\,€ \cdot \frac{4}{100} = 180{,}05\,€$; Kapital: 4681,23 €

Antwort: Georg hat nach 5 Jahren ein Kapital von 4681,23 €.

Wissen kurz gefasst ✓

In der Zinsrechnung geht man genauso vor wie in der Prozentrechnung. Es werden jedoch andere Begriffe verwendet. Dem Guthaben oder Kapital entspricht der Grundwert, den Zinsen der Prozentwert und dem Zinssatz der Prozentsatz.
Werden Zinsen im nächsten Jahr mitverzinst, so spricht man von Zinseszins.

Zufallsexperimente

Zufallsexperimente

Das Werfen eines Würfels oder das Ziehen eines Loses sind **Zufallsexperimente.** Diese werden durch folgende Eigenschaften gekennzeichnet:

- Es gibt mehrere Ergebnisse.
- Man weiß vor dem Versuch, welche **Ergebnisse** eintreten können. Diese möglichen Ergebnisse fasst man in der **Ergebnismenge S** zusammen.
- Man weiß vor dem Versuch nicht, welches dieser Ergebnisse eintreten wird.
- Es können nie zwei Ergebnisse gleichzeitig auftreten.
- Man kann das Zufallsexperiment unter den gleichen Voraussetzungen beliebig oft wiederholen.

Eine Teilmenge der Ergebnismenge heißt **Ereignis.** Ein Ereignis kann man in Worten oder durch eine Menge beschreiben.

Hinweis: Mengen werden mit einem Großbuchstaben bezeichnet und die Ergebnisse in geschweiften Klammern dargestellt: $A = \{1; 2; 3\}$.

Beispiel

1. Georg und Martin werfen einen Würfel.

a) Wie lautet die Ergebnismenge dieses Zufallsexperiments?
b) Wie könnte ein mögliches Ergebnis aussehen?

a) $S = \{1; 2; 3; 4; 5; 6\}$
b) $A = \{1; 2\}$ oder $B = \{4; 5; 6\}$

2. Eine Münze wird geworfen. Beschreibe die Ergebnismenge.

S = {Kopf; Zahl}

3. Karin zieht aus einer Lostrommel ein Los. Beschreibe die Ergebnismenge.

S = {Hauptgewinn; Gewinn; Niete}

4. Entscheide, ob es sich hierbei um ein Zufallsexperiment handelt.

a) Drehen eines Glücksrades
b) Der Wecker klingelt um 6 Uhr.
c) Werfen eines Reißnagels
d) Ein Ball wird in die Luft geworfen und fällt auf den Boden.

a) Zufallsexperiment: ja
(Man kann nicht vorhersagen, welche Zahl oder welcher Buchstabe eintritt, und man kann das Experiment beliebig oft wiederholen.)
b) Zufallsexperiment: nein
(Ist der Wecker auf 6 Uhr eingestellt, so klingelt er auf jeden Fall.)
c) Zufallsexperiment: ja
(Man kann nicht vorhersagen, wie der Reißnagel fällt, und man kann ihn beliebig oft werfen.)
d) Zufallsexperiment: nein
(Ein Ball, der nach oben geworfen wird, fällt immer zu Boden.)

Wissen kurz gefasst ✓

Das Werfen eines Würfels ist ein Zufallsexperiment. Man kennt die möglichen Ergebnisse, kann aber nicht vorhersagen, welches dieser Ergebnisse eintreten wird. Alle Ergebnisse werden in der Ergebnismenge S zusammengefasst. Eine Teilmenge der Ergebnismenge nennt man Ereignis.

Wahrscheinlichkeit

Die Wahrscheinlichkeit gibt an, wie groß die Chance ist, dass ein gewünschtes Ereignis eintritt.

Angeben der Wahrscheinlichkeit
Bei manchen Zufallsexperimenten kann man die Wahrscheinlichkeit nicht sofort angeben. Man muss dazu das Experiment wiederholt durchführen. Dabei zählt man, wie oft das gewünschte Ereignis eintritt. Diese Anzahl nennt man **absolute Häufigkeit.** Dividiert man die absolute Häufigkeit durch die Gesamtanzahl der Versuche, so erhält man die **relative Häufigkeit.** Bei einer sehr großen Anzahl von Versuchen erkennt man, dass sich die relative Häufigkeit einem stabilen Wert annähert. Dieser stabile Wert ist ein guter Schätzwert für die Wahrscheinlichkeit.

Die Wahrscheinlichkeit für das Ereignis A gibt man so an: P(A)

Tipp

Die Wahrscheinlichkeit kann nie größer als 1 sein. Die Summe der Wahrscheinlichkeiten aller möglichen Ergebnisse ist immer 1.

Beispiel

Werfen eines Reißnagels

10-mal werfen	**1. Durchgang**		**2. Durchgang**	
Ergebnis	Kopf	Seite	Kopf	Seite
Absolute Häufigkeit	4	6	7	3
Relative Häufigkeit	$\frac{4}{10} = 0{,}4$	$\frac{6}{10} = 0{,}6$	$\frac{7}{10} = 0{,}7$	$\frac{3}{10} = 0{,}3$

100 mal werfen	**1. Durchgang**		**2. Durchgang**	
Ergebnis	Kopf	Seite	Kopf	Seite
Absolute Häufigkeit	65	35	57	43
Relative Häufigkeit	$\frac{65}{100} = 0{,}65$	$\frac{35}{100} = 0{,}35$	$\frac{57}{100} = 0{,}57$	$\frac{43}{100} = 0{,}43$

1000 mal werfen	**1. Durchgang**		**2. Durchgang**	
Ergebnis	Kopf	Seite	Kopf	Seite
Absolute Häufigkeit	595	405	601	399
Relative Häufigkeit	$\frac{595}{1000} = 0{,}595$	$\frac{405}{1000} = 0{,}405$	$\frac{601}{1000} = 0{,}601$	$\frac{399}{1000} = 0{,}399$

Die relative Häufigkeit nähert sich mit der größeren Anzahl von Versuchen in beiden Durchgängen immer näher einem Wert an. Deshalb schätzt man die Wahrscheinlichkeit für das Eintreten von Kopf auf 0,6 = 60 % und für das Eintreten von Seite auf 0,4 = 40 %.

Wissen kurz gefasst ✓

Wahrscheinlichkeit: gibt die Chance an, mit der ein gewünschtes Ereignis eintritt.
Absolute Häufigkeit: Anzahl, wie oft das gewünschte Ereignis eintritt.
Relative Häufigkeit: Absolute Häufigkeit dividiert durch die Anzahl der durchgeführten Versuche. Bei einer sehr großen Anzahl an Versuchen stabilisiert sich dieser Wert. Dieser Wert wird Wahrscheinlichkeit genannt.

Laplace-Experiment

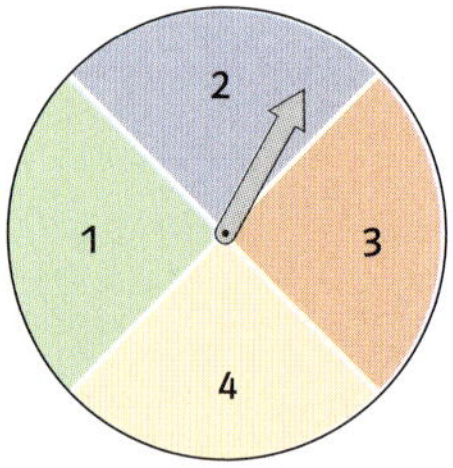

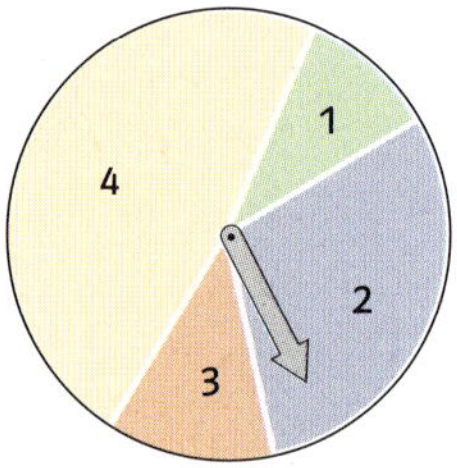

Treten bei einem Zufallsexperiment alle Ergebnisse mit der gleichen Wahrscheinlichkeit auf, so nennt man es ein **Laplace-Experiment.**
Hat das Laplace-Experiment n mögliche Ergebnisse, so beträgt die Wahrscheinlichkeit eines Ergebnisses: $\frac{1}{n}$
Gibt es für ein Ereignis A mehrere Ergebnisse, so gilt:

$$P(A) = \frac{\text{Anzahl der Ergebnisse, bei denen A eintritt}}{\text{Anzahl aller möglichen Ergebnisse}}$$

Beispiel

1. Würfeln mit einem Tetraeder

Ein Tetraeder wird einmal geworfen.

a) Mit welcher Wahrscheinlichkeit tritt dabei die Zahl 2 auf?
b) Mit welcher Wahrscheinlichkeit tritt das Ereignis A „Die Augenzahl ist ungerade“ ein?

a) Ergebnismenge: $S = \{1; 2; 3; 4\}$, also existieren 4 mögliche Ergebnisse und damit beträgt die Wahrscheinlichkeit für das Eintreten der Zahl 2:
$P(2) = \frac{1}{4}$

b) Ergebnismenge: $S = \{1; 2; 3; 4\}$, also existieren 4 mögliche Ergebnisse. Das Ereignis A „Die Augenzahl ist ungerade" tritt bei den Augenzahlen 1 und 3 ein. Es existieren also 2 mögliche Ergebnisse für das Ereignis $A = \{1; 3\}$. Somit beträgt die Wahrscheinlichkeit:
$P(A) = \frac{2}{4} = \frac{1}{2}$

2. Ziehen aus einer Urne
In einer Urne befinden sich 10 Kugeln: 3 rote, 3 blaue, 3 grüne und 1 gelbe. Mit welcher Wahrscheinlichkeit ziehst du eine rote Kugel?

Hier gibt es zwei Möglichkeiten für eine Ergebnismenge:
$S = \{\text{rot, blau, grün, gelb}\}$. Da in diesem Fall nicht jede Farbe mit der gleichen Wahrscheinlichkeit auftritt, handelt es sich nicht um ein Laplace-Experiment. Geben wir dagegen jeder Kugel eine Nummer, so lautet die Ergebnismenge: $S = \{1; 2; 3; 4; 5; 6; 7; 8; 9; 10\}$. Die roten Kugeln tragen die Nummern 1; 2; 3, die blauen 4; 5; 6, die grünen 7; 8; 9 und die gelbe 10. Jede Nummer tritt mit der gleichen Wahrscheinlichkeit, nämlich $\frac{1}{10}$ auf. Für das Ereignis „Ziehen einer roten Kugel" gibt es 3 Ergebnisse (Kugel 1; 2 und 3). Somit berechnet sich die Wahrscheinlichkeit wie folgt:
$P(A) = \frac{3}{10}$

Wissen kurz gefasst ✓

Bei einem Laplace-Experiment treten alle Ergebnisse mit der gleichen Wahrscheinlichkeit auf. Bei n möglichen Ergebnissen ist die Wahrscheinlichkeit 1/n. Hat ein Ereignis A mehrere Ergebnisse, so berechnet sich die Wahrscheinlichkeit mithilfe der Laplace-Formel:

$$P(A) = \frac{\textit{Anzahl der Ergebnisse, bei denen A eintritt}}{\textit{Anzahl aller möglichen Ergebnisse}}$$

Mit der Laplace-Formel haben wir bereits Wahrscheinlichkeiten von Ereignissen berechnet, zu denen mehrere Ergebnisse gehören, z. B.: Wie groß ist die Wahrscheinlichkeit, mit einem Würfel eine „ungerade Augenzahl" zu werfen?
Ergebnismenge: $S = \{1; 2; 3; 4; 5; 6\}$; Ereignismenge: $A = \{1; 3; 5\}$

$P(A) = \frac{3}{6} = \frac{1}{2}$

Diese Formel gilt jedoch nur, wenn jedes Ergebnis die gleiche Wahrscheinlichkeit hat. Wie geht man aber vor, wenn die Ergebnisse unterschiedliche Wahrscheinlichkeiten haben?

Summenregel
Um die Wahrscheinlichkeit von Ereignissen mit mehreren Ergebnissen zu berechnen, addiert man die Wahrscheinlichkeiten der einzelnen Ergebnisse. Die Summe der Wahrscheinlichkeiten aller Ergebnisse eines Zufallsversuchs beträgt immer 1.

Tipp

Diese Regel kannst du auch anstelle der Laplace-Formel verwenden.

Beispiel

1. In einer Bonbondose befinden sich 4 rote, 5 blaue und 6 grüne Bonbons.
a) Wie groß ist die Wahrscheinlichkeit, ein rotes Bonbon zu ziehen?
b) Wie groß ist die Wahrscheinlichkeit, ein rotes oder ein blaues Bonbon zu ziehen?

a) $P(\text{rot}) = \frac{4}{15}$

b) $P(\text{rot oder blau}) = P(\text{rot}) + P(\text{blau}) = \frac{4}{15} + \frac{5}{15} = \frac{9}{15} = \frac{3}{5}$

2. Lisa hat für ihren Geburtstag ein Glücksrad gebastelt.

Jeder Gast darf einmal drehen. Zeigt der Zeiger auf die Zahl 7, so gewinnt der Gast den Hauptgewinn. Zeigt der Zeiger auf die Farbe Rot oder Grün, so erhält er eine Wundertüte.

a) Wie groß ist die Wahrscheinlichkeit für einen Hauptgewinn?
b) Wie groß ist die Wahrscheinlichkeit, eine Wundertüte zu bekommen?
c) Wie groß ist die Wahrscheinlichkeit, den Hauptgewinn oder eine Wundertüte zu gewinnen?

a) $P(\text{Hauptgewinn}) = \frac{1}{12}$

b) $P(\text{Wundertüte}) = P(\text{rot}) + P(\text{grün}) = \frac{3}{12} + \frac{3}{12} = \frac{6}{12} = \frac{1}{2}$

c) $P(\text{Gewinn}) = P(\text{Hauptgewinn}) + P(\text{Wundertüte}) = \frac{1}{12} + \frac{6}{12} = \frac{7}{12}$

Wissen kurz gefasst ✓

Um die Wahrscheinlichkeit von Ereignissen mit mehreren Ergebnissen zu berechnen, addiert man die Wahrscheinlichkeiten der einzelnen Ergebnisse. Die Summe der Wahrscheinlichkeiten aller Ergebnisse darf nicht größer als 1 sein.

Mehrstufige Zufallsexperimente

Wirft man einen Gegenstand mehrfach hintereinander oder mehrere Gegenstände zur gleichen Zeit, so spricht man von einem **mehrstufigen Zufallsexperiment**.
Solche mehrstufigen Zufallsexperimente kann man mithilfe eines **Baumdiagramms** veranschaulichen.

In einer Urne befinden sich 2 Kugeln (rot und grün). Es wird 2-mal gezogen. Nach jedem Zug wird die Kugel wieder zurückgelegt.

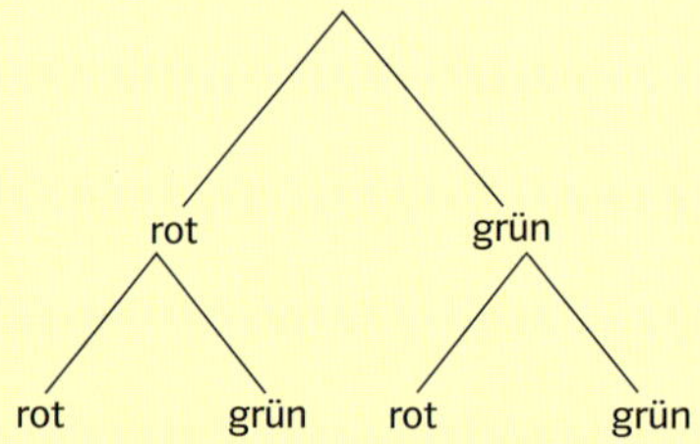

S = {rot-grün; rot-rot; grün-grün; grün-rot}

Die Wahrscheinlichkeit eines Ereignisses bei einem mehrstufigen Zufallsexperiment berechnet man mithilfe der **Pfadregel:**

Die Wahrscheinlichkeit für ein Ereignis erhält man, indem man die Wahrscheinlichkeiten längs eines Pfades multipliziert.

Beispiel

Eine Münze wird 3-mal nacheinander geworfen.

a) Zeichne ein Baumdiagramm. Gib alle Ergebnisse und ihre Wahrscheinlichkeiten an.

b) Wie groß ist die Wahrscheinlichkeit, ohne Berücksichtigung der Reihenfolge einmal Wappen und zweimal Zahl zu werfen?

a)

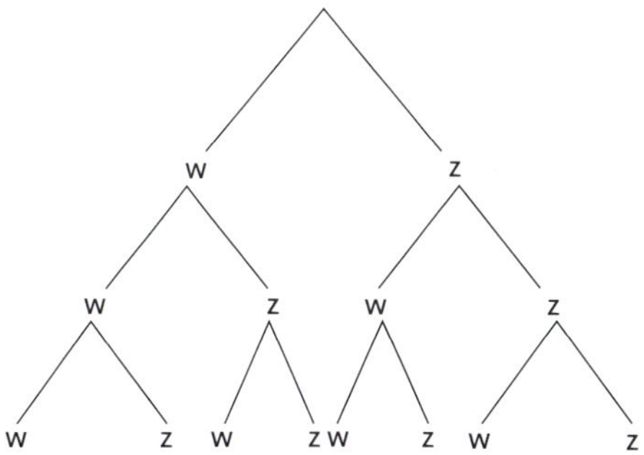

S = {WWW; WWZ; WZW; WZZ; ZWW; ZWZ; ZZW; ZZZ}

$P(WWW) = \frac{1}{2} \cdot \frac{1}{2} \cdot \frac{1}{2} = \frac{1}{8}$

$P(WWZ) = P(WZW) = P(WZZ) = P(ZWW) = P(ZWZ) = P(ZZW) = P(ZZZ) = \frac{1}{8}$

b) $P(\text{einmal W und zweimal Z}) = P(WZZ) + P(ZZW) = \frac{1}{8} + \frac{1}{8} = \frac{2}{8} = \frac{1}{4}$

Wissen kurz gefasst ✓

Besteht ein Zufallsexperiment aus mehreren Stufen, so spricht man von einem mehrstufigen Zufallsexperiment. Mithilfe eines Baumdiagramms kann man ein mehrstufiges Zufallsexperiment anschaulich darstellen. Zur Berechnung der Wahrscheinlichkeit benutzt man die Pfad- und Summenregel.

Terme

Aus Klasse 6 kennst du bereits Terme mit einer Variablen. Häufig kommen in Termen jedoch mehrere Variablen vor. Wie gehen wir mit solchen Termen um?

Terme mit mehreren Variablen:
Unter einem **Term** versteht man einen Rechenausdruck, der Buchstaben als Platzhalter, sog. Variablen, enthält. Setzt man für diese Variablen Zahlen ein, so erhält man als Ergebnis den Wert des Terms.
Es gelten die gleichen Rechenregeln wie bei Termen mit einer Variablen:

1. Klammern werden zuerst berechnet.
2. Es gilt Potenz- vor Punkt- vor Strichrechnung.
3. Bei Termen ohne Klammern rechnet man von links nach rechts.

Enthält der Term mehrfach die gleiche Variable, so setzt man für diese immer die gleiche Zahl ein.
Enthält der Term verschiedene Variablen, so kann man für diese unterschiedlichen Variablen auch unterschiedliche Zahlen einsetzen.

Tipp

Zwischen den Zahlen und den Variablen dürfen die Malpunkte weggelassen werden: $5 \cdot x = 5x$

Beispiel

1. Berechne den Term:

a) $-45x + (x + y) + 36y$ für $x = 1$ und $y = 2$
$-45 \cdot 1 + (1 + 2) + 36 \cdot 2 = -45 + 3 + 72 = 30$

b) $22x + 3 \cdot x \cdot y + 3x^2$ für $x = 3$ und $y = -1$
$22 \cdot 3 + 3 \cdot 3 \cdot (-1) + 3 \cdot 3^2 = 66 - 9 + 3 \cdot 9 = 66 - 9 + 27 = 84$

2. Stelle einen Term auf:

a) Addiere x zur Summe aus 7 und 8.
b) Subtrahiere y vom Produkt aus a und 6.

a) $x + (7 + 8) = x + 15$
b) $a \cdot 6 - y = 6a - y$

3. Familie Müller hat für ihr Telefon einen neuen Vertrag abgeschlossen. Sie zahlt eine monatliche Grundgebühr von 19 €. In dieser Grundgebühr sind 20 Freiminuten enthalten. Für alle weiteren Gespräche zahlt Familie Müller 3 Cent die Minute.

a) Stelle einen Term für die monatlichen Kosten auf.
b) Wie hoch ist die Rechnung, wenn Familie Müller im Monat 3 h telefoniert ?

a) Geg.: Grundgebühr 19 €; 20 Freiminuten; 3 Cent die Minute
Ges.: zugehöriger Term
Antwort: x sei die Variable für die Minuten
Term: $(x - 20) \cdot 0{,}03\,€ + 19\,€$ mit $x > 20$

b) Ges.: Kosten für 3h
Rechnung: $x = 3h = 3 \cdot 60\,min = 180\,min$
$(180 - 20) \cdot 0{,}03\,€ + 19\,€ = 160 \cdot 0{,}03\,€ + 19\,€ =$
$4{,}80\,€ + 19\,€ = 23{,}80\,€$
Antwort: Familie Müller zahlt 23,80 €.

Wissen kurz gefasst

Terme sind Rechenausdrücke mit Buchstaben als Platzhaltern (Variablen).
Terme können mehrere Variablen enthalten. Durch Einsetzen von Zahlen für die Variablen erhält man den Wert des Terms. Für gleiche Variablen muss man die gleiche Zahl einsetzen.

Terme können sehr lange Rechenausdrücke darstellen. Deshalb versucht man, die Terme zu vereinfachen. Dabei sind jedoch einige Regeln zu beachten.

Termumformungen

Setzt man in zwei Terme jeweils die gleiche Zahl für die Variable ein und erhält in beiden Fällen den gleichen Wert, so sagt man: Die beiden Terme sind **gleichwertig** oder **äquivalent**.
Einen Term formt man so um, dass der ursprüngliche Term und der umgeformte Term gleichwertig sind.

Rechenregeln:

- Gleiche Variablen können miteinander addiert oder voneinander subtrahiert werden. Dazu addiert bzw. subtrahiert man die **Koeffizienten.**
  Bsp.: $3a + 5a = 8a$ $\quad$ $5a + 4b + 2b + a = 6a + 6b$
  ↑ ↑
  Koeffizient

- Variablen können multipliziert und dividiert werden. Dazu multipliziert bzw. dividiert man die Koeffizienten und die Variablen.
  Bsp.: $5a \cdot 7b = 5 \cdot 7 \cdot a \cdot b = 35ab$

- **Kommutativgesetz:** $a + b = b + a$ bzw. $a \cdot b = b \cdot a$

- **Assoziativgesetz:** $(a + b) + c = a + (b + c)$ bzw. $(a \cdot b) \cdot c = a \cdot (b \cdot c)$

- **Distributivgesetz:** $a \cdot (b + c) = a \cdot b + a \cdot c$ bzw. $a \cdot (b - c) = a \cdot b - a \cdot c$

Beispiel

1. Vereinfache folgenden Term:

a) $x + y \cdot 4 \cdot 3 - 6y + 6 \cdot 4 - 2x = x + 12y - 6y + 24 - 2x$ (*Vereinfachen*)
$= x - 2x + 12y - 6y + 24$ (*Ordnen*)
$= -x + 6y + 24$ (*Zusammenfassen*)

b) $2 + (4a - 3) = 2 + 4a - 3 = 2 - 3 + 4a = -1 + 4a$

c) $4 \cdot (3x + 7y) = 12x + 28y$

d) $(4x + 15y) \cdot 3 - 4x - 10y = 12x + 45y - 4x - 10y = 12x - 4x + 45y - 10y = 8x + 35y$

2. Zeige, dass die beiden Terme gleichwertig sind:

$(3 \cdot b + 5) + 10 \cdot b$ und $13 \cdot b + 5$

$(3 \cdot b + 5) + 10 \cdot b = (3b + 5) + 10b = 3b + 5 + 10b = 3b + 10b + 5 = 13b + 5$

$13 \cdot b + 5 = 13b + 5$

Wissen kurz gefasst ✓

Zwei Terme, die beim Einsetzen der gleichen Zahl für die gleiche Variable denselben Wert besitzen, nennt man gleichwertig oder äquivalent.
Rechenregeln:
- Gleiche Variablen dürfen miteinander addiert und voneinander subtrahiert werden.
- Variablen dürfen multipliziert und dividiert werden.
- Es gelten das Kommutativ-, Assoziativ- und Distributivgesetz.

Lösen von Gleichungen

Bisher hast du Gleichungen durch Probieren oder Rückwärtsrechnen gelöst. Diese beiden Verfahren sind jedoch nicht bei allen Gleichungen so einfach.

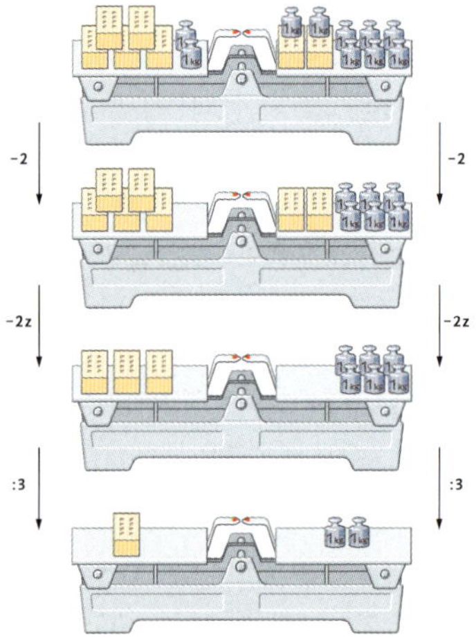

Zum Lösen von Gleichungen benutzt man sogenannte **Äquivalenzumformungen.** Das sind Umformungen, bei denen die Lösung der Gleichung erhalten bleibt und keine weiteren hinzugefügt werden. Die ursprüngliche Gleichung ist dann gleichwertig oder äquivalent zur umgeformten Gleichung.

Äquivalenzumformungen:

- Addieren bzw. Subtrahieren der gleichen Zahl oder des gleichen Terms auf beiden Seiten.
- Multiplizieren bzw. Dividieren von beiden Seiten mit dem gleichen Faktor bzw. Divisor. Diese Zahl darf jedoch nicht Null betragen.

Beispiel

1. Löse die Gleichung $5 \cdot (2v - 7) = 4v - 17$ mittels Äquivalenzumformungen:

$$\begin{aligned} 5 \cdot (2v-7) &= 4v-17 && |\text{vereinfachen} \\ 10v-35 &= 4v-17 && |-4v \\ 6v-35 &= -17 && |+35 \\ 6v &= 18 && |:6 \\ v &= 3 \end{aligned}$$

Tipp

Eine Probe kann dir zeigen, ob du die Gleichung richtig gelöst hast.

Probe:
Dazu setzt du dein Ergebnis, hier $v = 3$, in die ursprüngliche Gleichung ein:

$$
\begin{aligned}
5 \cdot (2 \cdot 3 - 7) &= 4 \cdot 3 - 17 \\
5 \cdot (6 - 7) &= 12 - 17 \\
5 \cdot (-1) &= -5 \\
-5 &= -5
\end{aligned}
$$

Da für $v = 3$ beide Seiten das gleiche Ergebnis liefern, ist die Gleichung richtig gelöst.

2. Zeige, dass beide Gleichungen äquivalent sind:

$2x + 3 - x = -5x$ und $x + 4 = -2 - 11x$

Um dies zu zeigen, löst man beide Gleichungen nach x auf:

$$
\begin{array}{lll}
2x + 3 - x = -5x & & \\
x + 3 = -5x & \mid -x & \\
3 = -6x & \mid :(-6) & \\
-\frac{1}{2} = x & &
\end{array}
\qquad
\begin{array}{ll}
x + 4 = -2 - 11x & \mid + 11x \\
12x + 4 = -2 & \mid -4 \\
12x = -6 & \mid :12 \\
x = -\frac{1}{2} &
\end{array}
$$

Da beide Gleichung die gleiche Lösung besitzen, sind sie äquivalent.

Wissen kurz gefasst ✓

Gleichungen löst man mithilfe von Äquivalenzumformungen.
Äquivalenzumformungen sind:
Beide Seiten mit der gleichen Zahl oder dem gleichen Term addieren bzw. subtrahieren
Beide Seiten mit der gleichen Zahl (ungleich Null) multiplizieren bzw. dividieren.

Lösen von Ungleichungen
Ungleichungen werden bis auf eine Ausnahme mit den gleichen Äquivalenzumformungen gelöst wie Gleichungen.

Ausnahme:

Multipliziert oder dividiert man eine Ungleichung mit einer negativen Zahl, so muss man das Ungleichheitszeichen umdrehen.

Ungleichungen können mehrere Lösungen besitzen. Diese Lösungen schreibt man als Lösungsmenge. Eine Lösungsmenge kann man an einer Zahlengeraden veranschaulichen.

Beispiel

1. Bestimme die Lösungen der Ungleichungen und veranschauliche die Lösungsmenge an einer Zahlengeraden:

a)
$$\begin{aligned} 22a + 21 - 20a &< -13 + 20 - 5a && \\ 2a + 21 &< 7 - 5a && \mid +5a \\ 7a + 21 &< 7 && \mid -21 \\ 7a &< -14 && \mid :7 \\ a &< -2 && \end{aligned}$$

Lösungsmenge: $L = \{a \in \mathbb{Q} \mid a < -2\}$

Lösungen sind alle rationalen Zahlen kleiner als −2

b) $5 \cdot (2x + 11) \geq 27 - 3x - 2 \cdot (1 + x)$

$10x + 55 \geq 27 - 3x - 2 - 2x$

$10x + 55 \geq 25 - 5x \quad | -10x$

$55 \geq 25 - 15x \quad | -25$

$30 \geq -15x \quad | :(-15)$ **Achtung!!!**

$-2 \leq x$

Lösungsmenge: $L = \{a \in \mathbb{Q} \mid x \geq -2\}$

Lösungen sind alle rationalen Zahlen größer oder gleich −2

Wissen kurz gefasst ✓

Ungleichungen löst man wie Gleichungen mittels Äquivalenzumformungen. Dabei ist Folgendes zu beachten: Multipliziert oder dividiert man beide Seiten der Ungleichung mit einer negativen Zahl, so dreht sich das Ungleichheitszeichen um.

Zuordnungen

Im Alltag gibt es Dinge, die miteinander in Beziehung stehen, z. B. die Klasse mit der Anzahl der Schüler. In der Mathematik beschreibt man solche Beziehungen durch eine Zuordnung.

Klasse	7a	7b	7c
Anzahl der Schüler/-innen	28	32	29

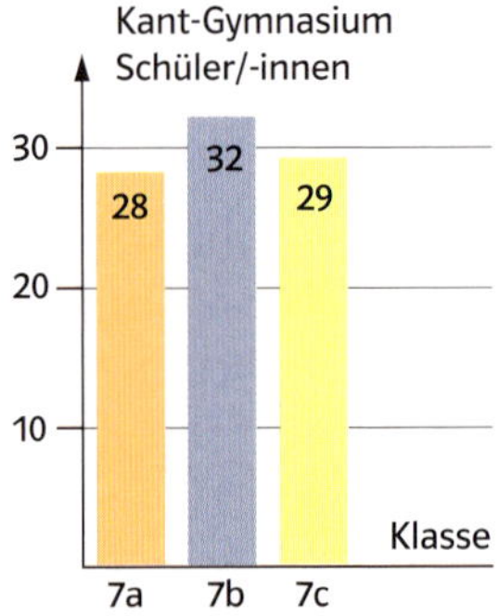

In der Mathematik nennt man die Beziehung bzw. Abhängigkeit zwischen zwei Größen **Zuordnung.** Eine Zuordnung kann in Form eines Textes, einer Tabelle, eines Diagramms oder durch Pfeile dargestellt werden.

Im Folgenden werden die **verschiedenen Möglichkeiten** dargestellt, wie man eine Zuordnung beschreiben kann. Dabei ordnet man jeder Farbe die Anzahl an Schülern mit dieser Lieblingsfarbe zu.

Text:
In einer Schulklasse mit 32 Schülern wird eine Umfrage zur Lieblingsfarbe durchgeführt. Dabei ergeben sich folgende Ergebnisse:
10 Schüler haben die Lieblingsfarbe Rot, 6 Schüler Grün, 9 Schüler Gelb, 5 Schüler Blau und 2 Schüler Schwarz.

Tabelle:

Lieblingsfarbe				
Rot	Grün	Gelb	Blau	Schwarz
10	6	9	5	2

Diagramm:
Stellt man die Zuordnung als Diagramm dar, d.h. als Kreis- oder Säulendiagramm, so lassen sich wichtige Eigenschaften direkt ablesen.
So erkennt man z. B., wann zugeordnete Werte positiv oder negativ sind, wann sie ihren größten oder kleinsten Wert annehmen oder wann sie ansteigen bzw. abfallen.

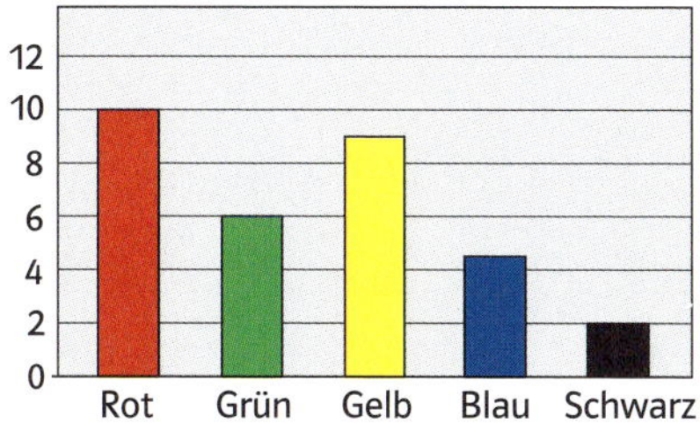

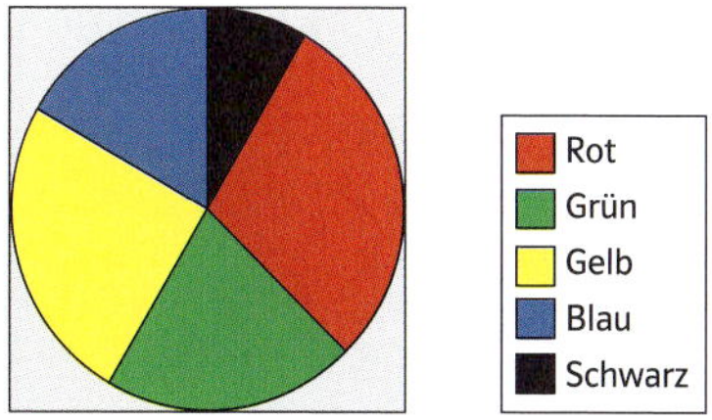

Pfeile:

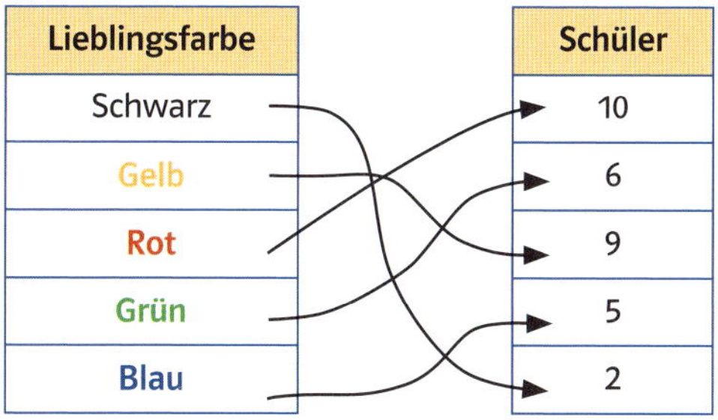

Bei manchen Zuordnungen existiert eine **Zuordnungsvorschrift,** d.h. man kann die zugeordnete Größe mithilfe einer Formel berechnen.

Wissen kurz gefasst ✓

Eine Zuordnung ist eine Beziehung bzw. Abhängigkeit zwischen zwei Größen. Man kann sie als Tabelle, Diagramm, Pfeil oder Text darstellen. Manchmal lässt sich die Zuordnung als Formel darstellen, man nennt dies eine Zuordnungsvorschrift.

Proportionale Zuordnungen

Beim Dreisatz hast du bereits Zuordnungen kennengelernt, nämlich die proportionale Zuordnung.

- Verdoppelt (verdreifacht, vervierfacht, …) man die erste Größe, so verdoppelt (verdreifacht, vervierfacht, …) sich auch die zugeordnete Größe.
- Halbiert (drittelt, viertelt, …) man die erste Größe, so halbiert (drittelt, viertelt, …) sich auch die zugeordnete Größe.

Zur Berechnung von proportionalen Zuordnungen steht der Dreisatz zur Verfügung.

Anwenden des Dreisatzes bei proportionalen Beziehungen:

1. Trage die zusammengehörenden Größenangaben in eine Tabelle ein. Dabei sollte die gesuchte Größe in der rechten Spalte stehen.

Größe 1	Größe 2
Gegeben	Gesucht
…	…
Gegeben	Gesucht

2. Mittels Dividieren und Multiplizieren werden geeignete Zwischenwerte und das Endergebnis bestimmt.

Beispiel

a) Martin kauft Hefte für die Schule. 5 Hefte kosten 60 Cent. Er braucht 12 Hefte. Wie viel muss er bezahlen?

	Anzahl der Hefte	Preis	
	5	60 Cent	
: 5	1	12 Cent	: 5
· 12	12	144 Cent	·12

Er muss 1,44 € bezahlen.

b) Familie Müller will ihre beiden Bäder fliesen. Für 9m² braucht sie 108 Fliesen. Wie viele Fliesen braucht Familie Müller für 15m²?

	Quadratmeter	Fliesen	
	9	108	
: 9	1	12	: 9
· 15	15	180	·15

Familie Müller braucht 180 Fliesen.

Wissen kurz gefasst ✓

Mit dem Dreisatz kann man bei proportionalen Zuordnungen mittels zweier zusammenhängender Größenangaben weitere Werte berechnen.
Anwenden des Dreisatzes:
- Gegebene und gesuchte Werte in eine Tabelle eintragen.
- Mittels Multiplikation und Division Zwischenwerte und Endergebnis berechnen.

Antiproportionale Zuordnungen

Außer den proportionalen Zuordnungen gibt es auch antiproportionale Zuordnungen.

- Verdoppelt (verdreifacht, vervierfacht, …) man die erste Größe, so halbiert (drittelt, viertelt …) sich die zugeordnete Größe.
- Halbiert (drittelt, viertelt, …) man die erste Größe, so verdoppelt (verdreifacht, vervierfacht, …) sich die zugeordnete Größe.

Zur Berechnung von antiproportionalen Zuordnungen steht der Dreisatz zur Verfügung.

Anwenden des Dreisatzes bei antiproportionalen Beziehungen

1. Trage die zusammengehörenden Wertepaare in eine Tabelle ein. Dabei sollte die gesuchte Größe in der rechten Spalte stehen.

Größe 1	Größe 2
Gegeben	Gesucht
…	…
Gegeben	Gesucht

2. Mittels Dividieren und Multiplizieren werden geeignete Zwischenwerte und das Endergebnis bestimmt.

Beispiel

a) Ein Dach soll neu gedeckt werden. 4 Dachdecker brauchen dazu 3 Tage. Wie viele Tage brauchen 6 Dachdecker?

	Dachdecker	Tage	
	4	3	
: 4	1	12	· 4
· 6	6	2	: 6

Antwort: 6 Dachdecker brauchen 2 Tage, um das Dach zu decken.

b) Bauer Schmidt bestimmt für seine Kühe den Futtervorrat. Für 60 Kühe reicht das Futter 12 Wochen. Wie viele Wochen reicht es für 20 Kühe?

	Kühe	Futtervorrat	
	60	12	
: 60	1	720	· 60
· 20	20	36	: 20

Antwort: Bei 20 Kühen reicht das Futter 36 Wochen.

Wissen kurz gefasst ✓

Mit dem Dreisatz kann man bei antiproportionalen Zuordnungen mittels zweier zusammenhängender Größenangaben weitere Werte berechnen.
Anwenden des Dreisatzes:

- Gegebene und gesuchte Werte in eine Tabelle eintragen.
- Mittels Multiplikation und Division Zwischenwerte und Endergebnis berechnen.

Kennzeichen von Funktionen

Beide Diagramme zeigen eine Zuordnung, aber nur eine davon ist eine Funktion.

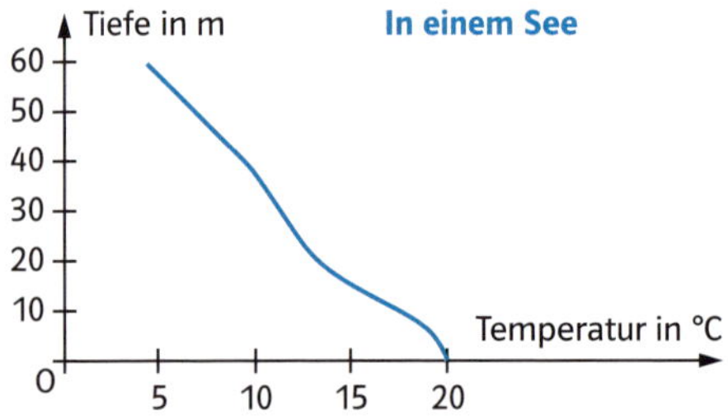

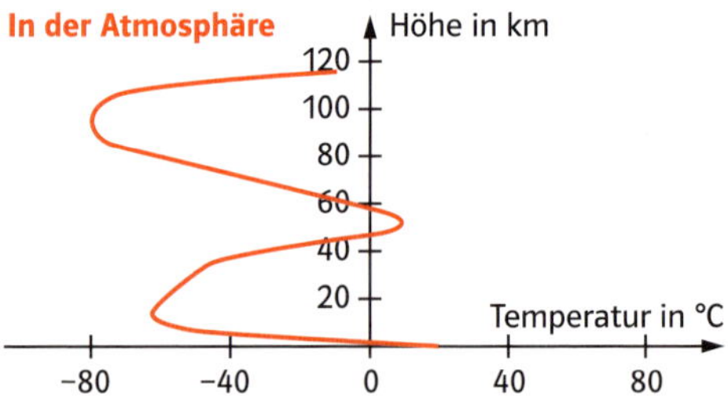

Wird bei einer Zuordnung x → y jeder Größe (Zahl) x **genau eine** Größe (Zahl) y zugeordnet, so nennt man diese Zuordnung auch **Funktion f**.
Die Menge aller Größen x nennt man **Definitionsmenge D**. Die einer Größe x zugeordnete Größe y heißt **Funktionswert**. Die Menge aller Funktionswerte nennt man **Wertemenge W**.

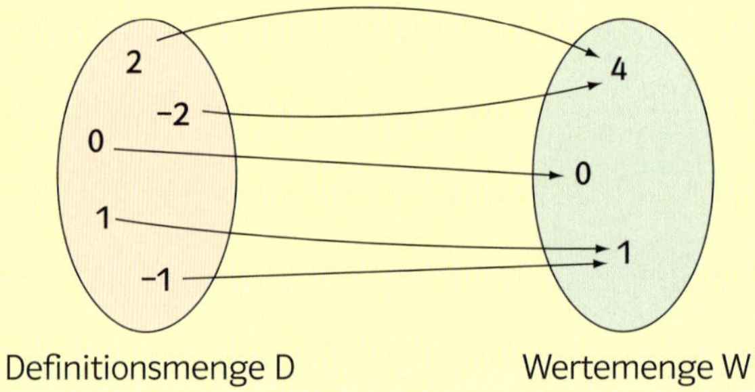

Die Darstellung einer Funktion kann auf unterschiedliche Weise erfolgen:

- Zuordnungsvorschrift oder Funktionsgleichung
  Dabei muss immer die Definitionsmenge angegeben werden.
- Wertetabelle
- Diagramm
  Die Funktion wird durch einen Graphen im Koordinatensystem dargestellt.

Beispiel

Zuordnungsvorschrift: $x \rightarrow 2x$
Funktionsgleichung: $y = 2x$
Definitionsmenge D: $D = \mathbb{Q}$

Wertetabelle:

x	-2	-1	0	1	2	3
y	-4	-2	0	2	4	6

Graph der Funktion:

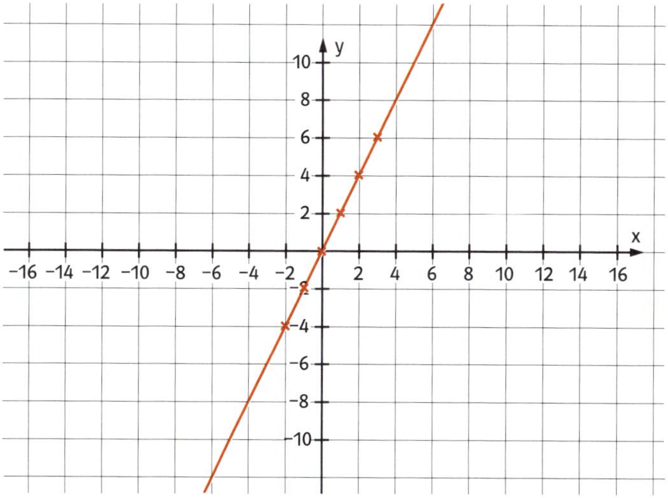

Wissen kurz gefasst ✓

Bei einer Funktion wird jeder Größe x aus der Definitionsmenge D genau eine Größe y aus der Wertemenge W zugeordnet.
Funktionen kann man durch eine Zuordnungsvorschrift oder Funktionsgleichung, mit einer Wertetabelle oder durch einen Graphen darstellen.

Proportionale Funktionen

Proportionale Funktionen kennst du schon als proportionale Zuordnungen. Im Folgenden erfährst du, wie man sie als Zuordnungsvorschrift oder Funktionsgleichung darstellt.
Proportionale Funktionen haben die gleichen Eigenschaften wie proportionale Zuordnungen:

- Verdoppelt (verdreifacht, vervierfacht, …) man den x-Wert, so verdoppelt (verdreifacht, vervierfacht, …) sich auch der y-Wert.
- Halbiert (drittelt, viertelt, …) man den x-Wert, so halbiert (drittelt, viertelt, …) sich auch der y-Wert.
- Dividiert man den y-Wert durch den x-Wert (x darf nicht 0 sein), so hat der Quotient immer den gleichen Wert. Man sagt auch, die Wertepaare sind **quotientengleich.**

Funktionsgleichung

$$y = m \cdot x \qquad (m \neq 0)$$

Definitionsmenge: $D = \mathbb{Q}$

m heißt **Proportionalitätskonstante** und berechnet sich, indem man den y-Wert durch den zugehörigen x-Wert dividiert ($m = \frac{y}{x}$).

Zeichnen des Graphen einer proportionalen Funktion

Der Graph einer proportionalen Funktion ist eine Gerade durch den Ursprung. Die Proportionalitätskonstante m nennt man auch die Steigung der Geraden.

a) Ist m positiv, so steigt die Gerade, z. B. m = 4, also y = 4x

Ausgangspunkt für deine Gerade ist der Ursprung. Von dort läufst du einen Schritt nach rechts und m Schritte nach oben.

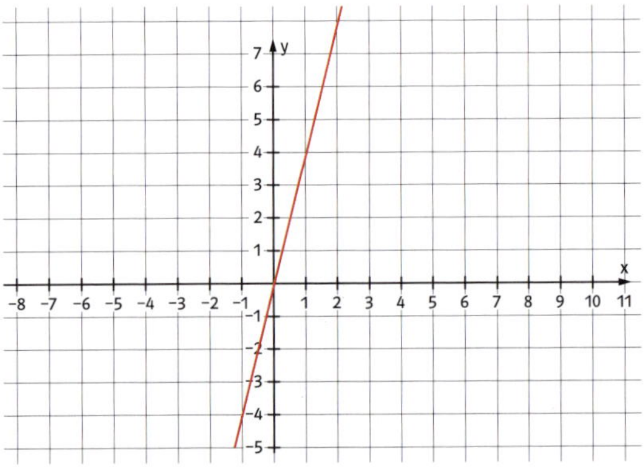

b) Ist m negativ, so fällt die Gerade, z. B. $m = -2$, also $y = -2x$

Auch hier ist der Ausgangspunkt der Ursprung.
Nun läufst du einen Schritt nach rechts und m Schritte nach unten.

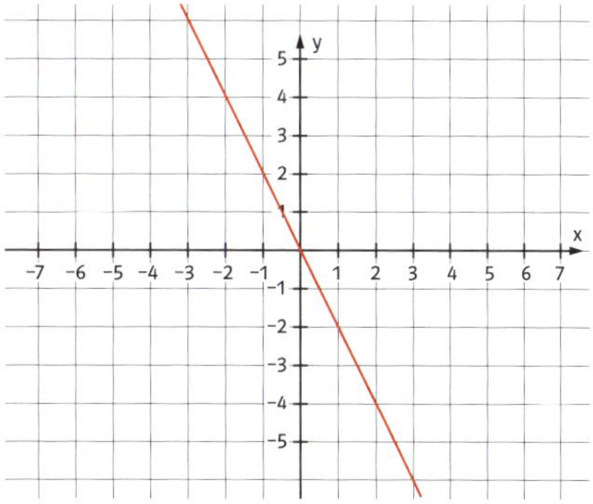

Beispiel

Zeichne folgende Graphen in ein Koordinatensystem:

a) $y = 5x$
b) $y = -3x$
c) $y = \frac{1}{4}x$
d) $y = -2{,}5x$

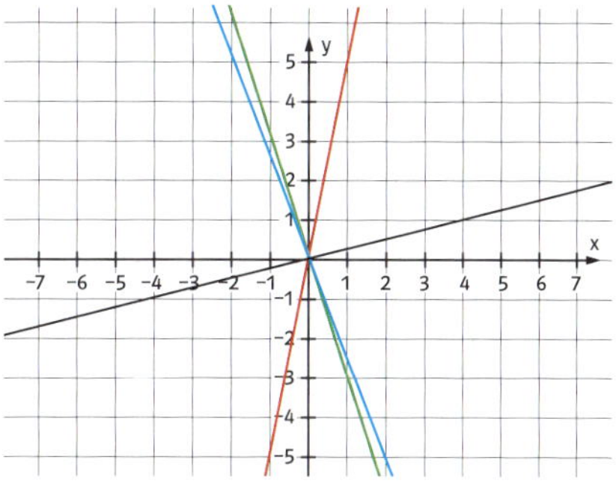

Wissen kurz gefasst

Proportionale Funktionen haben die gleichen Eigenschaften wie proportionale Zuordnungen.
Die Funktionsgleichung lautet $y = m \cdot x$, wobei m die Steigung der Geraden ist.
Sie gibt an, ob die Gerade steigt ($m > 0$) oder fällt ($m < 0$).

Lineare Funktionen

Bisher ist die Gerade immer durch den Ursprung gegangen. Ist das immer so?

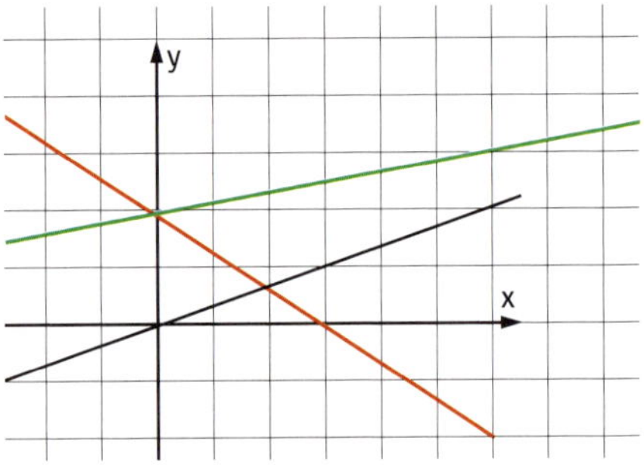

Addiert man bei einer proportionalen Funktion zu jedem Funktionswert die gleiche Zahl c, so wird die Gerade parallel zur Geraden durch den Ursprung nach oben oder unten verschoben. Man erhält dann eine **lineare Funktion.**

Funktionsgleichung:

$$y = m \cdot x + c$$

m ist die Steigung.
c heißt y-Achsenabschnitt, da die Gerade die y-Achse im Punkt P(0/c) schneidet.
Definitionsmenge: $D = \mathbb{Q}$

Zeichnen des Graphen einer linearen Funktion:

a) Steigende Gerade: $y = 3x + 2$

Wir starten am Punkt P(0/2), der durch den y-Achsenabschnitt gegeben ist.
Von dort gehen wir einen Schritt nach rechts und m Schritte

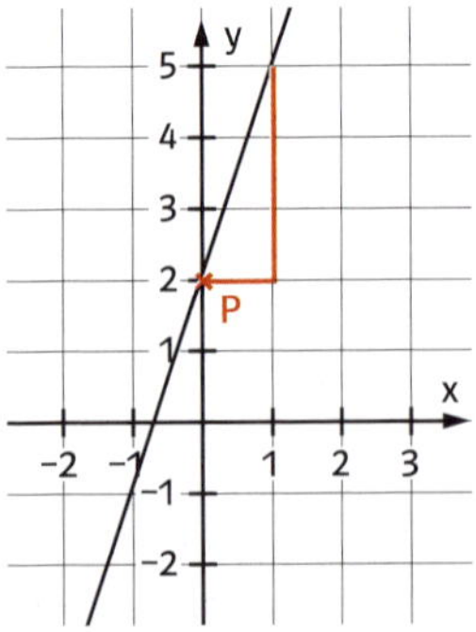

nach oben.

b) Fallende Gerade: $y = -3x + 4$

Wir starten am Punkt P(0/4), der durch den y-Achsenabschnitt gegeben ist. Von dort ein Schritt nach rechts und m Schritte nach unten.

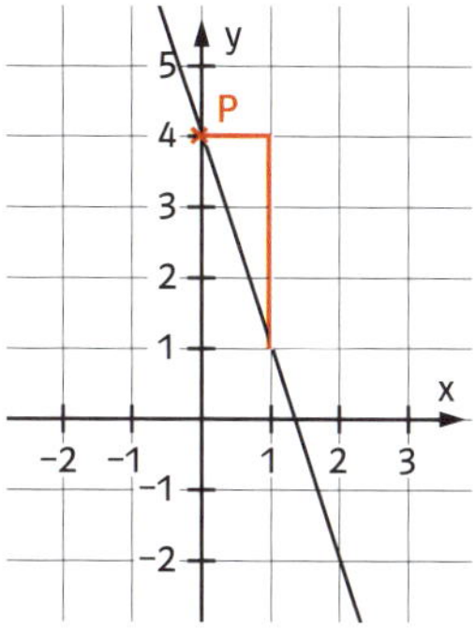

Bei einer proportionalen Funktion geht die Gerade immer durch den Ursprung. Bei einer linearen Funktion kann die Gerade durch den Ursprung laufen, muss es aber nicht. Also ist die proportionale Funktion ein Spezialfall der linearen Funktionen.

Wissen kurz gefasst

Funktionsgleichung einer linearen Funktion:

$$y = m \cdot x + c$$

m ist die Steigung.
c heißt y-Achsenabschnitt, da die Gerade die y-Achse im Punkt P(0/c) schneidet.
Definitionsmenge: $D = \mathbb{Q}$

Spezialfälle von Geraden

Wie lauten die Gleichungen von Geraden, die parallel zur x- oder y-Achse verlaufen?

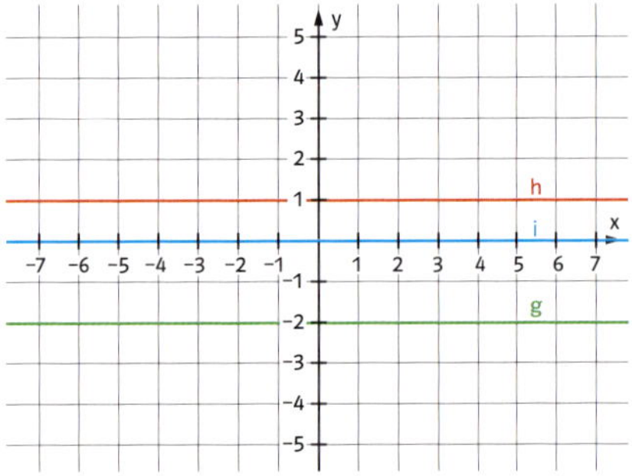

Geraden, welche die x- bzw. y-Achse beschreiben oder parallel zu einer der beiden Achsen sind, haben besondere Gleichungen:

Gleichung der Geraden,

- welche die x-Achse beschreibt: y = 0

  Jedem x-Wert wird der Funktionswert 0 zugeordnet.

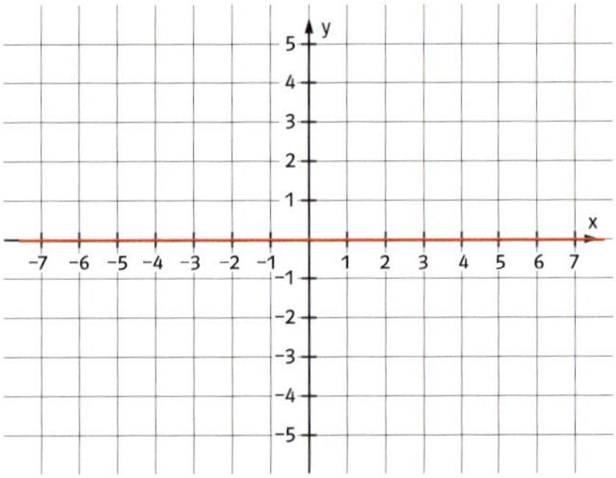

- welche die y-Achse beschreibt: x = 0

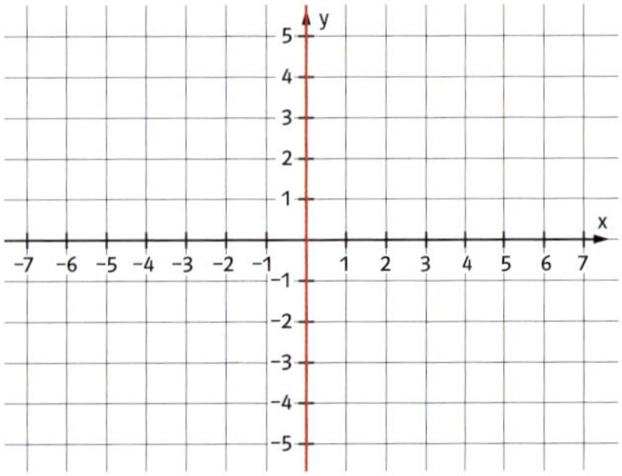

- welche eine Gerade parallel zur x-Achse beschreibt: $y = n$ ($n \in \mathbb{Q}$)

  Jedem x-Wert wird der gleiche Funktionswert n zugeordnet.

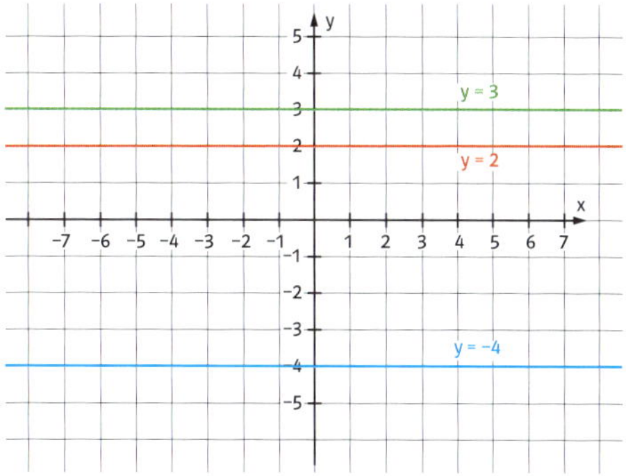

- welche eine Gerade parallel zur y-Achse beschreibt: $x = n$ ($n \in \mathbb{Q}$)

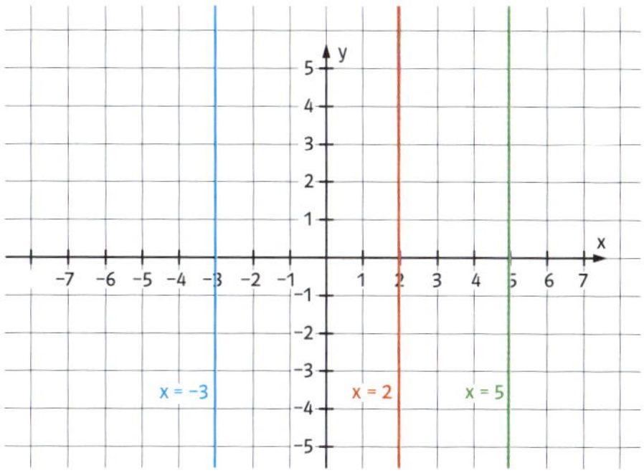

Wissen kurz gefasst ✓

Eine Gerade mit der Gleichung:

$y = 0$	beschreibt die x-Achse.
$x = 0$	beschreibt die y-Achse.
$y = n$ ($n \in \mathbb{Q}$)	ist parallel zur x-Achse.
$x = n$ ($n \in \mathbb{Q}$)	ist parallel zur y-Achse.

Lineare Gleichungen

Gleichungen kann man nicht nur rechnerisch wie in Kapitel 3 lösen, sondern auch mithilfe des Graphen einer linearen Funktion.

Eine Gleichung der Form $a \cdot x + b = 0$ oder $a \cdot x = c$ $(a \neq 0)$ heißt **lineare Gleichung**. Eine lineare Gleichung kann man rechnerisch mittels Äquivalenzumformungen oder zeichnerisch mittels des Graphen einer linearen Funktion lösen.

Lösen einer linearen Gleichung: $3x - 4 = 2$

a) rechnerisch:

$$\begin{aligned} 3x - 4 &= 2 \quad &|+4 \\ 3x &= 6 \quad &|:3 \\ x &= 2 \end{aligned}$$

b) zeichnerisch:

1. Schritt: Bringe die Gleichung auf die Form $a \cdot x + b = 0$
   $3x - 4 = 2 \quad |-2$
   $3x - 6 = 0$

2. Schritt: Zeichne die lineare Funktion $y = a \cdot x + b$ in ein Koordinatensystem:

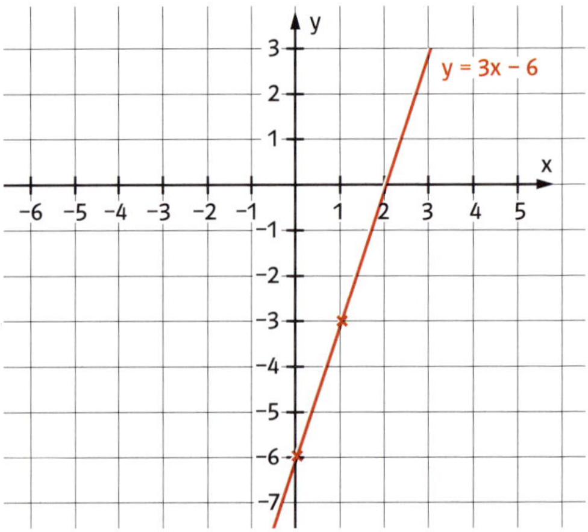

3. Schritt: Bestimme die Stelle x, an der die Gerade die x-Achse schneidet.

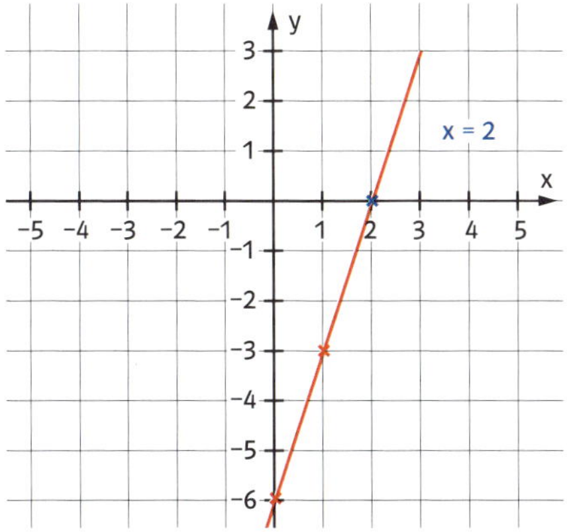

Wissen kurz gefasst ✓

Gleichungen der Form $a \cdot x + b = 0$ oder $a \cdot x = c$ ($a \neq 0$) heißen lineare Gleichungen. Man kann sie mittels Äquivalenzumformungen oder mittels des Graphen einer linearen Funktion lösen.

Lineare Gleichungen mit 2 Variablen

Bei der Heirat war einer der beiden Eheleute 3/4 mal so alt wie der andere. Jetzt, nach 21 Jahren, ist die Altersdifferenz 1/4 des Älteren zur Zeit der Heirat. Die Ehefrau ist jetzt 49. Wie alt ist der Ehemann?

Eine Gleichung der Form $a \cdot x + b \cdot y = c$ heißt **lineare Gleichung mit 2 Variablen**.

Eigenschaften:
- Die Lösung ist nicht eine einzelne Zahl, sondern ein Zahlenpaar.
- Es gibt unendlich viele Zahlenpaare als Lösung.
- Alle Zahlenpaare der Lösung ergeben eine Gerade.

Lösungen einer linearen Gleichung mit 2 Variablen: $5x - 7y = 35$

1. Schritt: Bringe die Gleichung durch Äquivalenzumformungen auf die Form: $y = a \cdot x + b$
   Auf dieser Geraden liegen alle Lösungspaare der linearen Gleichung.

$$\begin{aligned} 5x - 7y &= 35 && |-5x \\ -7y &= -5x + 35 && |:(-7) \\ y &= \tfrac{5}{7}x - 5 \end{aligned}$$

2. Schritt: Setze für x eine beliebige Zahl ein und berechne den zugehörigen y-Wert. Dieses Zahlenpaar ist dann ein mögliches Lösungspaar.

$$y = \tfrac{5}{7}x - 5$$

Setzt man für x z. B. 7 ein, so lautet ein mögliches Zahlenpaar der Lösung: (7; 0); denn $y = \frac{5}{7} \cdot 7 - 5 = 0$

Setzt man für x = 9 ein, so gilt: $y = \frac{5}{7} \cdot 9 - 5 = \frac{45}{7} - \frac{35}{7} = \frac{10}{7}$

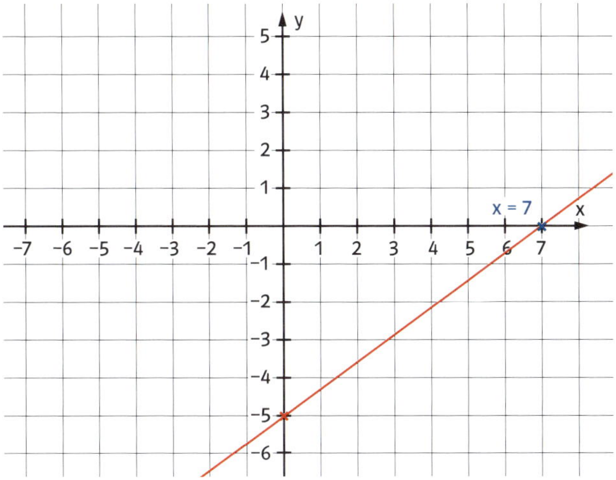

Auf dieser Geraden liegen alle Lösungspaare z. B. (7; 0).

Wissen kurz gefasst ✓

Gleichungen der Form $a \cdot x + b \cdot y = c$ heißen lineare Gleichungen mit zwei Variablen.
Die Lösungsmenge besteht aus unendlich vielen Zahlenpaaren.
Alle Zahlenpaare liegen auf einer Geraden.

Lineare Gleichungssysteme

Du kannst mittlerweile lineare Gleichungen mit einer und zwei Variablen lösen, wie verhält es sich jedoch bei 2 linearen Gleichungen mit zwei Variablen?

Zwei lineare Gleichungen mit den selben Variablen bilden ein **lineares Gleichungssystem**.

Zeichnerisches Verfahren zum Lösen eines linearen Gleichungssystems

1. Schritt: Stelle beide linearen Gleichungen in der Form $y = a \cdot x + b$ dar.

   I. $5y - x = 5$
   II. $4y - x - 2 = 0$

   I. $y = \frac{1}{5}x + 1$
   II. $y = \frac{1}{4}x + \frac{1}{2}$

2. Schritt: Zeichne beide Geraden in das Koordinatensystem ein.

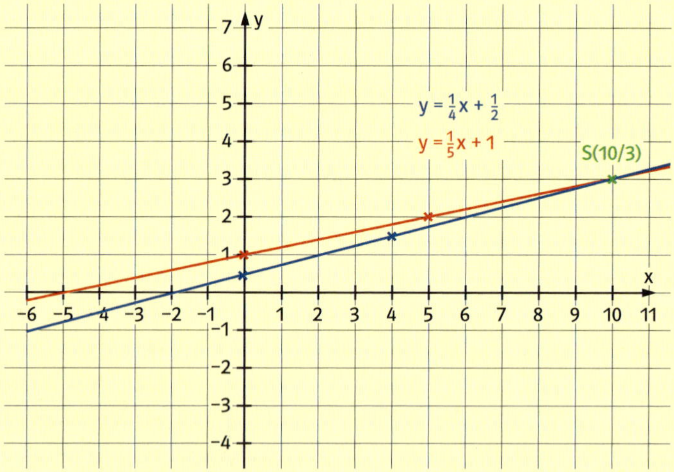

3. Schritt: Der Schnittpunkt der beiden Geraden ist das gesuchte Zahlenpaar.
   Lösung: (10; 3)

4. Schritt: Führe eine Probe durch, indem du das Zahlenpaar in beide Gleichungen einsetzt.

Probe: Einsetzen von $x = 10$ und $y = 3$ in Gleichung I. $5y - x = 5$:

$$5 \cdot 3 - 10 = 5$$
$$15 - 10 = 5$$
$$5 = 5$$

Einsetzen von $x = 10$ und $y = 3$ in Gleichung II. $4y - x - 2 = 0$

$$4 \cdot 3 - 10 - 2 = 0$$
$$12 - 10 - 2 = 0$$
$$0 = 0$$

In beiden Fällen ist die Probe erfüllt, damit ist (10; 3) die Lösung des linearen Gleichungssystems.

Hinweis: Schneiden sich die beiden Geraden nicht, d.h. sind sie parallel, so hat das lineare Gleichungssystem keine Lösung.
Sind die beiden Geraden identisch, so hat das lineare Gleichungssystem unendlich viele Lösungen.

Wissen kurz gefasst ✓

Ein lineares Gleichungssystem besteht aus zwei linearen Gleichungen mit meist 1 Zahlenpaar als Lösung.
Graphisches Lösungsverfahren: Zeichne die zugehörigen linearen Funktionen in ein Koordinatensystem. Der Schnittpunkt der beiden Graphen ist die gesuchte Lösung.
Ein lineares Gleichungssystem kann auch keine Lösung oder unendlich viele Lösungen besitzen.

Gleichsetzungsverfahren

Oft lassen sich die Lösungen von linearen Gleichungssystemen beim zeichnerischen Verfahren nicht exakt bestimmen.

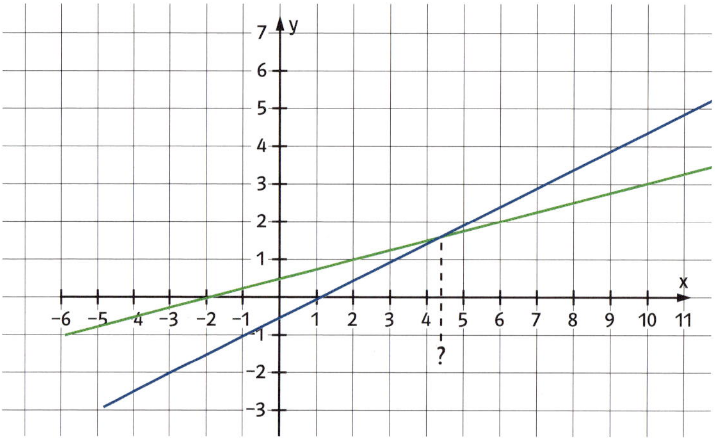

Um eine exakte Lösung zu bekommen, benutzt man rechnerische Methoden. Es gibt drei Verfahren, mit denen man lineare Gleichungssysteme lösen kann: das Gleichsetzungs-, Einsetzungs- und Addititionsverfahren.

Beim **Gleichsetzungsverfahren** löst man beide Gleichungen nach der gleichen Variablen auf und setzt die rechten Seiten dann gleich. Die so bestimmte Variable setzt man dann in eine der beiden ursprünglichen Gleichungen ein und bestimmt die zweite Variable.

Beispiel

a) I. $x + 3y = 7$
II. $x = -4y + 7$

1. Schritt: Löse beide Gleichungen nach x auf.
I. $x = -3y + 7$
II. $x = -4y + 7$

2. Schritt: Setze die beiden rechten Seiten gleich und löse sie nach y auf.
$-3y + 7 = -4y + 7 \quad | +4y - 7$
$y = 0$

3. Schritt: Setze $y = 0$ in Gleichung I ein und löse nach x auf.

$x + 3 \cdot 0 = 7$

$x = 7$

Lösungspaar: (7; 0)

b) I. $x - y = 6$

II. $\frac{2}{3}x - y = 1$

1. Schritt: Löse beide Gleichungen nach y auf.

I. $y = x - 6$

II. $y = \frac{2}{3}x - 1$

2. Schritt: Setze die beiden rechten Seiten gleich und löse sie nach x auf.

$x - 6 = \frac{2}{3}x - 1 \quad | -\frac{2}{3}x + 6$

$\frac{1}{3}x = 5 \quad | : \frac{1}{3}$

$x = 15$

3. Schritt: Setze $x = 15$ in Gleichung I ein und löse nach y auf.

$15 - y = 6$

$y = 9$

Lösungspaar: (15; 9)

Wissen kurz gefasst ✓

Beim Gleichsetzungsverfahren löst man die rechten Seiten nach der gleichen Variablen auf und setzt sie anschließend gleich.
Die zweite Variable bestimmt man, indem man die zuerst berechnete Variable in eine der Ursprungsgleichungen einsetzt.
Das Gleichungssystem kann auch keine oder unendlich viele Lösungen besitzen.

Einsetzungsverfahren

Ein weiteres Verfahren, mit dem du die Lösung eines linearen Gleichungssystems bestimmen kannst, ist das Einsetzungsverfahren.

Dazu löst du eine der beiden Gleichungen nach einer der beiden Variablen auf. Dann setzt du den so erhaltenen Term in die andere Gleichung ein und erhältst eine Gleichung mit einer Variablen. Diese Gleichung löst du nun nach der Variablen auf.
Die so bestimmte Variable setzt du dann in eine der beiden ursprünglichen Gleichungen ein und bestimmst die zweite Variable.

Beispiel

a) I. $y - 3x = 8$
II. $x + y = 12$

1. Schritt: Löse Gleichung I nach y auf.
I. $y = 3x + 8$
II. $x + y = 12$

2. Schritt: Setze $y = 3x + 8$ in Gleichung II ein und löse sie nun nach x auf.
$x + y = 12$
$x + 3x + 8 = 12$
$4x + 8 = 12$
$x = 1$

3. Schritt: Setze $x = 1$ in Gleichung II ein und löse nach y auf.
$1 + y = 12$
$y = 11$

Lösungspaar: $(1; 11)$

b) I. $7x + 5y = 3$
II. $7x + 5y = 5$

1. Schritt: Löse Gleichung I nach x auf.

I. $x = -\frac{5}{7}y + \frac{3}{7}$
II. $7x + 5y = 5$

2. Schritt: Setze $x = -\frac{5}{7}y + \frac{3}{7}$ in Gleichung II ein und löse sie auf.

$7 \cdot (-\frac{5}{7}y + \frac{3}{7}) + 5y = 5$
$-5y + 3 + 5y = 5$
$3 = 5$

Da es sich bei der letzten Gleichung um eine falsche Aussage handelt ($3 \neq 5$), besitzt das lineare Gleichungssystem keine Lösung.

Wissen kurz gefasst ✓

Beim Einsetzungsverfahren löst man eine der beiden Gleichungen nach einer Variablen auf und setzt den Term in die andere Gleichung ein. Dies führt zu einer Gleichung mit einer Variablen. Die so entstandene Gleichung löst man nach dieser Variablen auf.
Die zweite Variable bestimmt man, indem man die berechnete Variable in eine der Ursprungsgleichungen einsetzt.

Additionsverfahren

Das letzte Verfahren, mit dem du die Lösung eines linearen Gleichungssystems bestimmen kannst, ist das Additionsverfahren.

Dazu musst du manchmal eine oder beide Gleichungen mit einer Zahl multiplizieren oder dividieren, sodass bei der Addition der beiden Gleichungen eine der beiden Variablen wegfällt.
Es entsteht eine neue Gleichung mit nur einer Variablen. Löse die erhaltene Gleichung nach dieser Variablen auf.
Die so bestimmte Variable setzt du dann in eine der beiden ursprünglichen Gleichungen ein und bestimmst die zweite Variable.

Tipp

Bei allen drei Verfahren ist es sinnvoll, am Ende eine Probe zu machen.

Beispiel

a) I. $2x + 3y = 4$
II. $-2x + 9y = 20$

1. Schritt: Multipliziere Gleichung I mit −3, damit bei der Addition die y-Variable wegfällt.
I. $-6x - 9y = -12$
II. $-2x + 9y = 20$

2 Schritt: Addiere die beiden Gleichungen.
I. $-6x - 9y = -12$
II. $-2x + 9y = 20$

$-8x = 8$, also $x = -1$

3. Schritt: Setze $x = -1$ in Gleichung I ein und löse nach y auf.
$2 \cdot (-1) + 3y = 4$
$y = 2$

Lösungspaar: $(-1; 2)$

b) I. $6x + 7y = 23$
II. $5x + 7y = 18$

1. Schritt: Multipliziere Gleichung II mit −1.
I. $6x + 7y = 23$
II. $-5x - 7y = -18$

2. Schritt: Addiere die beiden Gleichungen.
I. $6x + 7y = 23$
II. $-5x - 7y = -18$

$x = 5$

3. Schritt: Setze $x = 5$ in Gleichung I ein und löse nach y auf.
$6 \cdot 5 + 7y = 23$
$y = -1$

Lösungspaar: $(5; -1)$

Wissen kurz gefasst ✓

Beim Additionsverfahren multipliziert oder dividiert man eine der beiden Gleichungen mit einer Zahl (ungleich 0), sodass bei Addition der Gleichungen eine der beiden Variablen wegfällt.
Danach löst man die neue Gleichung nach ihrer Variablen auf. Den Wert der Variablen setzt man in eine der beiden ursprünglichen Gleichungen ein und löst nach der anderen Variablen auf.

Reelle Zahlen

Rationale Zahlen kann man als Bruch und als abbrechende oder periodische Dezimalzahl darstellen. Dezimalzahlen, die weder abbrechen noch periodisch sind, nennt man **irrationale Zahlen.** Irrationale Zahlen kann man nicht als Bruch darstellen. Sie haben unendlich viele Nachkommastellen.
Die rationalen Zahlen zusammen mit den irrationalen Zahlen bilden die Menge der **reellen Zahlen ℝ.**

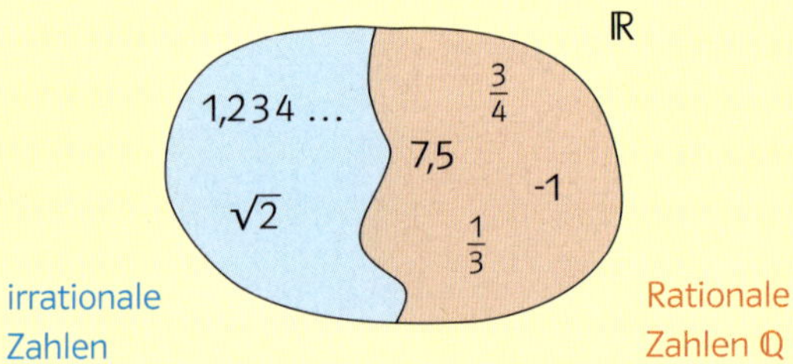

Darstellung reeller Zahlen auf der Zahlengeraden
Jede reelle Zahl kann als Punkt auf der Zahlengeraden dargestellt werden. Zwischen zwei reellen Zahlen auf der Zahlengeraden liegen unendlich viele reelle Zahlen.

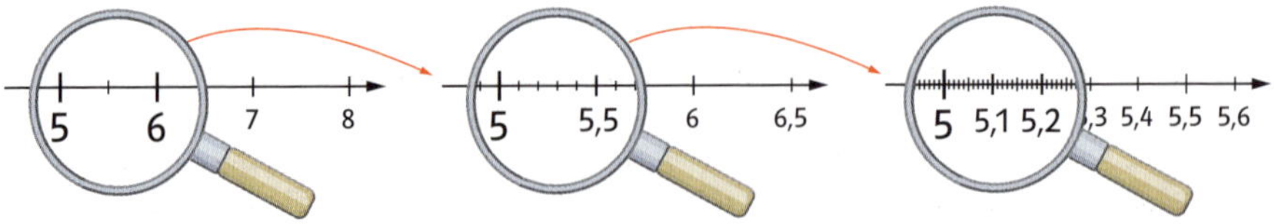

Beispiel

a) abbrechende Dezimalzahl: $\frac{5}{8} = 5 : 8 = 0{,}625$

$\frac{9}{4} = 9 : 4 = 2{,}25$

b) periodische Dezimalzahl: $\frac{2}{3} = 2 : 3 = 0{,}6666666\ \ldots = 0{,}\overline{6}$

$\frac{7}{6} = 7 : 6 = 1{,}1666666\ \ldots = 1{,}1\overline{6}$

c) reelle Zahl: 0,123267732 …

5,235157428 …

Zahlenbereiche

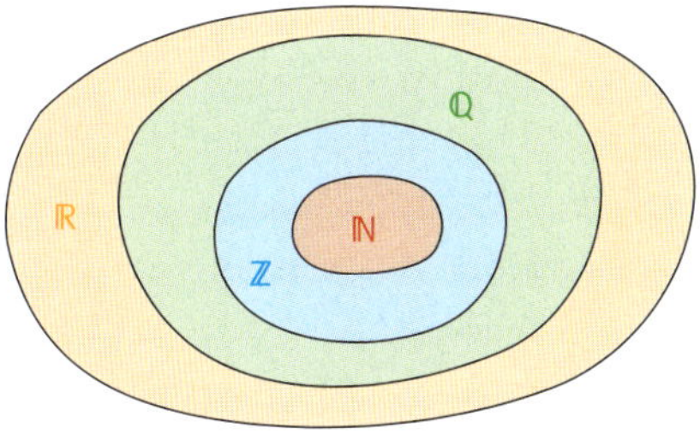

ℝ: reelle Zahlen
ℚ: rationale Zahlen
ℤ: ganze Zahlen
ℕ: natürliche Zahlen

Wissen kurz gefasst ✓

Die rationalen Zahlen bilden zusammen mit den irrationalen Zahlen die reellen Zahlen.
Rationale Zahlen sind: Bruchzahl, abbrechende Dezimalzahl, periodische Dezimalzahl.
Irrationale Zahlen sind: Dezimalzahl, die weder abbrechend noch periodisch ist; nicht als Bruch darstellbare Zahl; eine Dezimalzahl mit unendlich vielen Nachkommastellen.

Quadratwurzeln

Unter der **Quadratwurzel von a** versteht man eine nicht negative Zahl, die quadriert a ergibt.

Schreibweise: $\sqrt{a}$ Sprich: Wurzel aus a

$\sqrt{a}$ — **Wurzelzeichen** (Zeichen $\sqrt{\ }$), **Radikant** (a)

Das Bestimmen der Quadratwurzel nennt man auch **Wurzelziehen** oder Radizieren.

Beispiel

$\sqrt{64} = \sqrt{8^2} = 8$

Es gilt:

Quadrieren →

1	1
1,5	2,25
2	4
3	9

← Wurzelziehen

Hinweise:
- Die Quadratwurzel ist nie negativ, d.h. $\sqrt{16} = +4$, obwohl $(-4) \cdot (-4) + 16$ ist.
- Da das Produkt zweier negativer Zahlen wieder positiv ist, kann man die Quadratwurzel nicht aus einer negativen Zahl ziehen. Es geht **nicht**: $\sqrt{-16}$
- Es gilt: $\sqrt{0} = 0$

Beispiel

Berechne:

a) $\sqrt{225} = \sqrt{15^2} = 15$

b) $\sqrt{0{,}16} = \sqrt{0{,}4^2} = 0{,}4$

c) $\sqrt{\frac{64}{49}} = \sqrt{\frac{8^2}{7^2}} = \frac{8}{7}$

d) $(\sqrt{1{,}75})^2 = \sqrt{1{,}75} \cdot \sqrt{1{,}75} = 1{,}75$

e) $(-\sqrt{5})^2 = -\sqrt{5} \cdot (-\sqrt{5}) = +5$

f) $\sqrt{-9}$ ist nicht definiert

Wissen kurz gefasst ✓

Unter der **Quadratwurzel von a** versteht man eine nicht negative Zahl, die quadriert a ergibt.

$$\sqrt{4} = \sqrt{2^2} = 2$$

Rechenregeln

Rechenausdrücke mit Wurzeln kann man oft vereinfachen. Dies ist besonders leicht beim Multiplizieren und Dividieren von Wurzeln.

Komplexere Terme kann man darüber hinaus so umformen wie Terme mit einer Variablen.

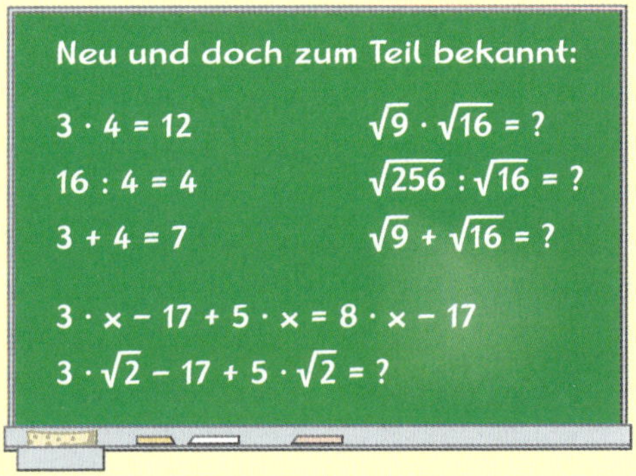

Rechenregeln für Terme mit Quadratwurzeln

1. Produkte von Wurzeln:
$\sqrt{2} \cdot \sqrt{72} = \sqrt{144} = 12$

2. Quotienten von Wurzeln:
$\frac{\sqrt{48}}{\sqrt{3}} = \sqrt{\frac{48}{3}} = \sqrt{16} = 4$

3. Teilweise Wurzelziehen:
$\sqrt{867} = \sqrt{289 \cdot 3} = \sqrt{289} \cdot \sqrt{3} = 17 \cdot \sqrt{3}$

4. Ausmultiplizieren:
$\sqrt{5} \cdot (\sqrt{20} + \sqrt{45}) = \sqrt{5} \cdot \sqrt{20} + \sqrt{5} \cdot \sqrt{45} = \sqrt{100} + \sqrt{225} = 10 + 25 = 35$

5. Ausklammern:
$13 \cdot \sqrt{7} - 3 \cdot \sqrt{7} = (13 - 3) \cdot \sqrt{7} = 10 \cdot \sqrt{7}$

Tipp

Folgende Regeln gibt es **nicht**:

$\sqrt{3} + \sqrt{4} \neq \sqrt{3 + 4}$

$\sqrt{15} - \sqrt{7} \neq \sqrt{15 - 7}$

Beispiel

Fasse die Terme zusammen.

a) $\sqrt{3}\cdot\sqrt{27}=\sqrt{3\cdot 27}=\sqrt{81}=9$

b) $\sqrt{375}:\sqrt{15}=\sqrt{\frac{375}{15}}=\sqrt{25}=5$

c) $6\cdot\sqrt{5}+3\cdot\sqrt{2}+8\cdot\sqrt{5}=(6+8)\cdot\sqrt{5}+3\cdot\sqrt{2}=14\cdot\sqrt{5}+3\cdot\sqrt{2}$

Vereinfache durch teilweises Wurzelziehen.

a) $\sqrt{2}+\sqrt{8}=\sqrt{2}+\sqrt{2\cdot 4}=\sqrt{2}+\sqrt{2}\cdot\sqrt{4}=\sqrt{2}+\sqrt{2}\cdot 2=\sqrt{2}\cdot(1+2)=\sqrt{2}\cdot 3$

b) $3\cdot\sqrt{6}\cdot(\sqrt{3}+5)=3\cdot\sqrt{18}+15\cdot\sqrt{6}=3\cdot\sqrt{9\cdot 2}+15\cdot\sqrt{6}=3\cdot 3\cdot\sqrt{2}+15\cdot\sqrt{6}=$
$9\cdot\sqrt{2}+15\cdot\sqrt{6}$

Mache den Nenner rational.

a) $\sqrt{2}+\frac{3}{\sqrt{2}}=\sqrt{2}+3\cdot\frac{\sqrt{2}}{\sqrt{2}\cdot\sqrt{2}}=\sqrt{2}+3\cdot\frac{\sqrt{2}}{2}=\left(1+\frac{3}{2}\right)\cdot\sqrt{2}=\frac{5}{2}\cdot\sqrt{2}$

b) $\frac{4}{\sqrt{15}}-\frac{\sqrt{3}}{\sqrt{5}}=4\cdot\sqrt{\frac{15}{15}}-\sqrt{3}\cdot\sqrt{\frac{5}{5}}=4\cdot\sqrt{\frac{15}{15}}-\sqrt{\frac{15}{5}}=4\cdot\sqrt{\frac{15}{15}}-3\cdot\sqrt{\frac{15}{15}}=\sqrt{\frac{15}{15}}$

Wissen kurz gefasst ✓

Für Produkte gilt:
$\sqrt{a}\cdot\sqrt{b}=\sqrt{a\cdot b}$ wobei a, b nicht negativ sein dürfen und $b\neq 0$.

Für Quotienten gilt:
$\frac{\sqrt{a}}{\sqrt{b}}=\sqrt{\frac{a}{b}}$ wobei a, b nicht negativ sein dürfen.

Normalparabel

Es gibt verschiedene Arten von Funktionen. Die linearen Funktionen $y = ax + b$ haben als Schaubild eine Gerade. Wie sieht das Schaubild der quadratischen Funktion $y = x^2$ aus?

Die Funktion mit der Gleichung $y = x^2$ ist eine **spezielle quadratische Funktion**. Der Graph dieser Funktion heißt **Normalparabel**.

x	−4	−3	−2	−1	0	1	2	3	4
$y = x^2$	16	9	4	1	0	1	4	9	16

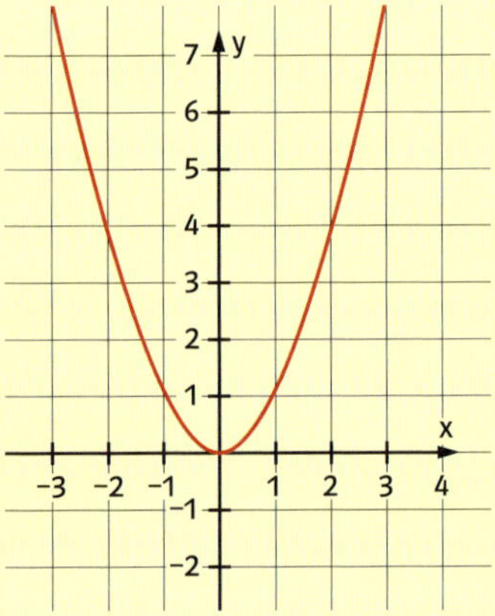

Eigenschaften der Normalparabel

- Das Schaubild der Normalparabel ist symmetrisch zur y-Achse. Der Ursprung des Koordinatensystems liegt auf der Symmetrieachse.
- Der tiefste Punkt der Normalparabel ist der Ursprung des Koordinatensystems. Alle anderen Punkte der Normalparabel liegen oberhalb der x-Achse. Man nennt diesen tiefsten Punkt auch den **Scheitel der Normalparabel.**
- Für negative x-Werte ($x < 0$) fällt das Schaubild der Normalparabel. Für positive x-Werte ($x > 0$) steigt das Schaubild.
- Dem 2-, 3- bzw. n-fachen x-Wert wird der 4-, 9- bzw. n^2-fache y-Wert zugeordnet.

Tipp

Für das Zeichnen einer Normalparabel existieren Schablonen. Hat man keine Schablone zur Hand, so kann man die Normalparabel ganz einfach zeichnen:

1. Zeichne ein Koordinatensystem.
2. Markiere den Scheitelpunkt S(0/0).
3. Gehe vom Scheitel aus eine Einheit nach rechts und eine Einheit nach oben. Das Gleiche machst du links vom Scheitel.
4. Gehe vom Scheitel aus zwei Einheiten nach rechts und vier Einheiten nach oben. Das Gleiche nach links.
5. Gehe vom Scheitel aus drei Einheiten nach rechts und neun Einheiten nach oben. Das Gleiche nach links.
6. …

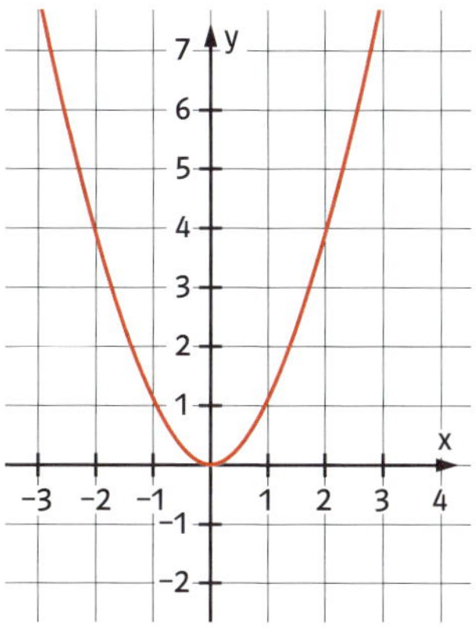

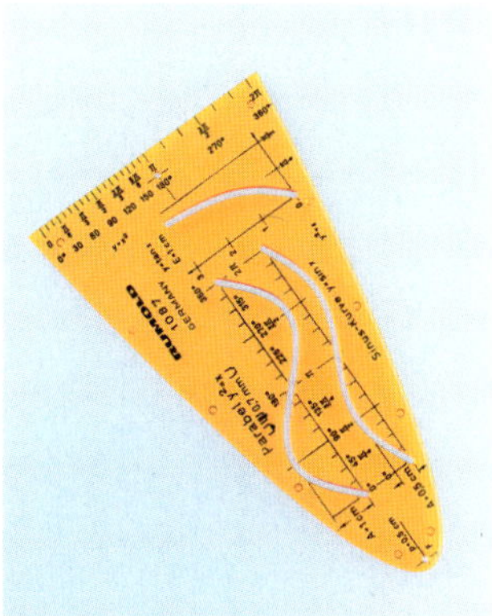

Wissen kurz gefasst ✓

Die Funktionsgleichung einer Normalparabel lautet: $y = x^2$.
Eigenschaften:
- Die Parabel ist symmetrisch zur y-Achse.
- Der Scheitel ist der tiefste Punkt.
- Links vom Scheitel fällt das Schaubild, rechts vom Scheitel steigt es.

Verschieben der Normalparabel

Außer der Normalparabel gibt es weitere Parabeln. Diese Parabeln entstehen durch Verschiebung der Normalparabel entlang der x- bzw. y-Achse.

Verschieben der Normalparabel entlang der y-Achse

Der Graph der Funktionsgleichung $y = x^2 + e$ entsteht durch Verschieben der Normalparabel $y = x^2$ um die Strecke e entlang der y-Achse.

Ist **e positiv**, so wird die Normalparabel **nach oben** verschoben.

Ist **e negativ**, so wird die Normalparabel **nach unten** verschoben.

Die Parabel $y = x^2 + e$ hat die y-Achse als Symmetrieachse und den Punkt S(0/e) als Scheitel.

x	−4	−3	−2	−1	0	1	2	3	4
$y = x^2 + 2$	18	11	6	3	2	3	6	11	18
$y = x^2 - 2$	14	7	2	−1	−2	−1	2	7	14

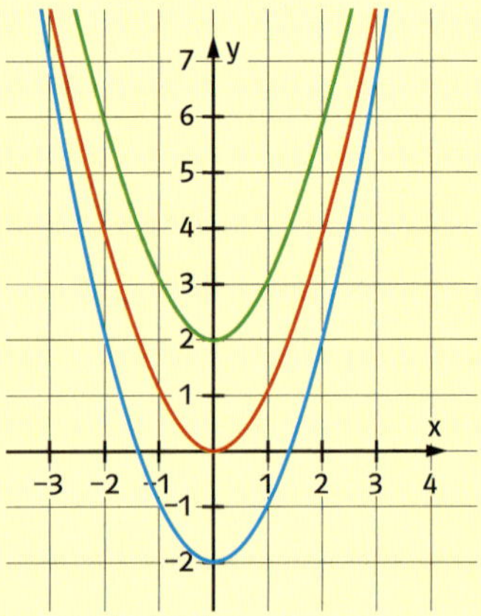

Hinweis:
Verschiebt man eine Parabel in y-Richtung, so verändert sich der x-Wert des Scheitels nicht.

Verschieben der Normalparabel entlang der x-Achse

Der Graph der Funktionsgleichung $y=(x-d)^2$ entsteht durch Verschieben der Normalparabel $y=x^2$ um die Strecke d entlang der x-Achse.

Ist **d positiv**, so wird die Normalparabel **nach links** verschoben.

Ist **d negativ**, so wird die Normalparabel **nach rechts** verschoben.

Die Parabel $y=(x-d)^2$ hat die Gerade $x=d$ (Parallele zur y-Achse) als Symmetrieachse und den Punkt S(d/0) als Scheitel.

x	−4	−3	−2	−1	0	1	2	3	4
$y=(x-(-2))^2$	4	1	0	1	4	9	16	25	36
$y=(x-2)^2$	36	25	16	9	4	1	0	1	4

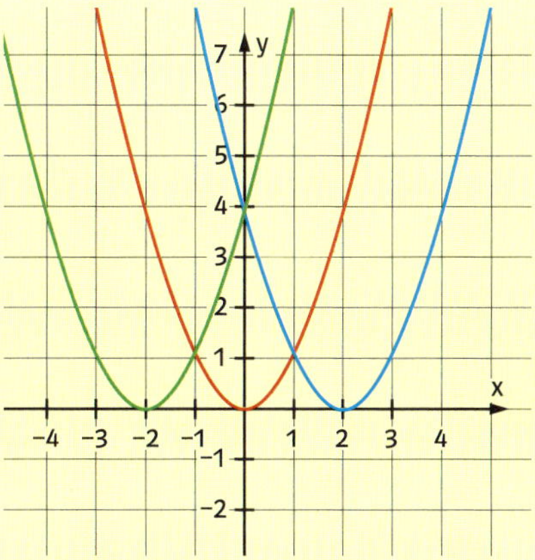

Hinweis:
Verschiebt man eine Parabel in x-Richtung, so verändert sich der y-Wert des Scheitels nicht.

Wissen kurz gefasst ✓

Der Graph der Funktionsgleichung $y=x^2+e$ entsteht durch Verschieben der Normalparabel entlang der y-Achse: bei positivem e nach oben, bei negativem e nach unten.
Der Graph der Funktionsgleichung $y=(x+d)^2$ entsteht durch Verschieben der Normalparabel entlang der x-Achse: bei positivem d nach links, bei negativem d nach rechts.

Strecken und Spiegeln

Die Normalparabel kann nicht nur entlang der Achsen verschoben, sie kann auch breiter und schmaler gemacht werden. Ebenso kann sie auf den Kopf gestellt werden, d.h. sie wird gespiegelt.

Strecken der Normalparabel

Der Graph der Funktionsgleichung $y = a \cdot x^2$ $(a > 0)$ entsteht durch Streckung mit dem Faktor a aus der Normalparabel.

Ist $\mathbf{0 < a < 1}$, so wird die Normalparabel **weiter**.

Ist $\mathbf{a > 1}$, so wird die Normalparabel **enger**.

Die Parabel $y = ax^2$ hat die y-Achse als Symmetrieachse und den Punkt S(0/0) als Scheitel.

x	−4	−3	−2	−1	0	1	2	3	4
$y = 2x^2$	32	18	8	2	0	2	8	18	32
$y = 0,5x^2$	8	4,5	2	0,5	0	0,5	2	4,5	8

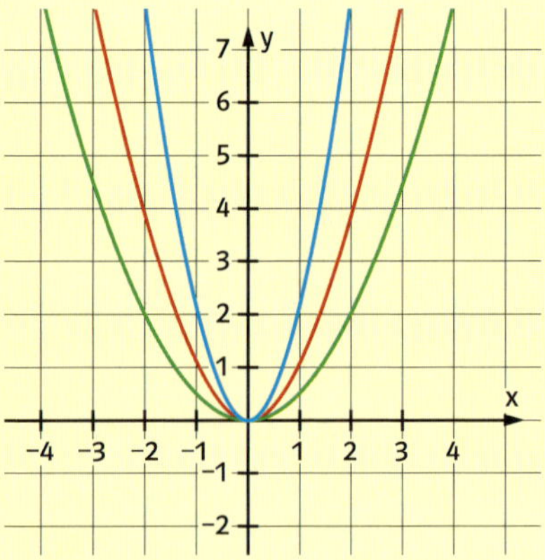

Spiegeln der Normalparabel

Ist bei einer Parabel $y = a\,x^2$ der Faktor a negativ, so entsteht er durch Spiegelung an der x-Achse aus der Parabel $y = a\,x^2$ mit positivem a.

Eigenschaften der Parabel $y = a\,x^2$ $(a < 0)$

- Die Parabel ist nach unten geöffnet.
- Für **negative x-Werte steigt** die Parabel, für **positive x-Werte fällt** die Parabel.
- Der Scheitel S(0/0) ist der höchste Punkt der Parabel.

x	−4	−3	−2	−1	0	1	2	3	4
$y = 2x^2$	32	18	8	2	0	0	8	18	32
$y = -2x^2$	−32	−18	−8	−2	0	−2	−8	−18	−32

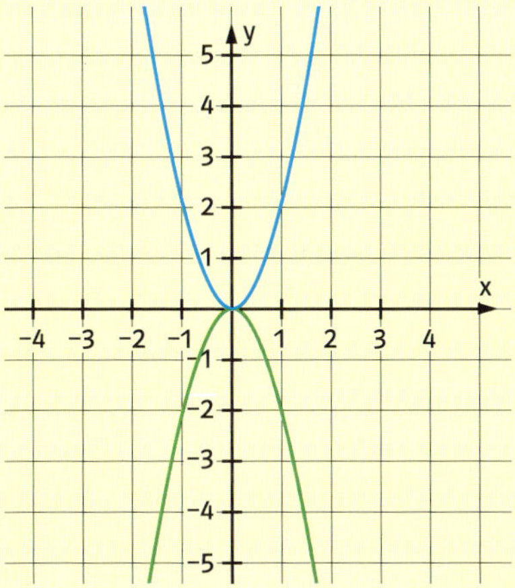

Wissen kurz gefasst ✓

Für den Graphen der Funktion $y = a\,x^2$ $(a \neq 0)$ gilt:

- $a < 0$: Der Graph ist nach unten geöffnet. Für negative x-Werte steigt er, für positive x-Werte fällt er; der Scheitel ist der höchste Punkt der Parabel; für $a < -1$ ist die Parabel enger, für $a > -1$ ist sie weiter als die Normalparabel.
- $a > 0$: Der Graph ist nach oben geöffnet. Für negative x-Werte fällt er, für positive x-Werte steigt er; der Scheitel ist der tiefste Punkt der Parabel; für $a < 1$ ist die Parabel weiter, für $a > 1$ ist sie enger als die Normalparabel.

Quadratische Funktion

Bisher wurde die Normalparabel entweder verschoben oder gestreckt. Wie sieht die Funktion aber aus, wenn wir beides gleichzeitig machen?

Eine Funktion der Gleichung $y = a(x-d)^2 + e$ heißt **quadratische Gleichung**. Ihr Schaubild nennt man **Parabel**. Die Definitionsmenge ist, wenn nicht anders angegeben, die Menge der reellen Zahlen.
Ist $a = 1$, $d = 0$ und $e = 0$, so ist der Graph die Normalparabel.
Den Graphen der Gleichung $y = a(x-d)^2 + e$ erhält man aus der Normalparabel, indem man sie nacheinander

- um d Einheiten entlang der x-Achse verschiebt,
- mit dem Faktor a streckt bzw. spiegelt,
- um e Einheiten entlang oder parallel zur y-Achse verschiebt.

Den Scheitel der Parabel kann man an der Gleichung ablesen: S(d/e)

Beispiel

a) Zeichne den Graphen $y = (x-4)^2 + 3{,}5$.

Der Scheitel des Graphen lautet S(4/3,5).
Es handelt sich um eine Normalparabel, die um 4 Einheiten nach rechts und um 3,5 Einheiten nach oben verschoben ist.

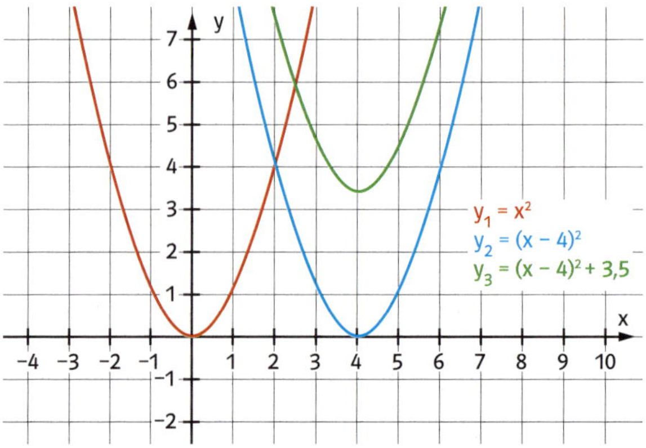

b) Zeichne die Funktion $y = +0{,}5(x+1)^2 - 2$.

Der Scheitel der Funktion lautet S(−1/−2).
Es handelt sich um eine Parabel, die weiter ist als die Normalparabel, sowie nach links und nach unten verschoben ist.

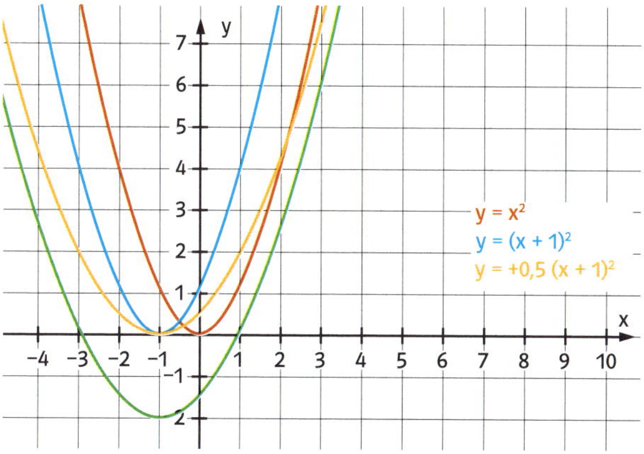

Wissen kurz gefasst ✓

Die Funktion mit der Gleichung $y = a(x - d)^2 + e$ nennt man quadratische Funktion. Ihr Graph ist eine Parabel. Die Normalparabel ist ein Sonderfall einer quadratischen Funktion.
Den Graphen der Gleichung $y = a(x - d)^2 + e$ erhält man aus der Normalparabel, indem man sie nacheinander
- um d Einheiten entlang der x-Achse verschiebt,
- mit dem Faktor a streckt, staucht bzw. spiegelt,
- um e Einheiten entlang oder parallel zur y-Achse verschiebt.

Der Scheitel lautet S(d/e).

Scheitel- und Normalform

Bei einer quadratischen Funktion kann man die Funktionsgleichung auf verschiedene Arten angeben. Obwohl die Funktionsgleichungen anders aussehen, liefern sie den gleichen Graphen.

Die Funktionsgleichung einer quadratischen Funktion kann man in zwei verschiedenen Formen angeben:

- **Scheitelform:** $y = a\,(x - d)^2 + e \quad (a \neq 0)$
  Ist die Funktionsgleichung der quadratischen Funktion in Scheitelform angegeben, so kann man direkt den Scheitel ablesen: S(d/e)

- **Normalform:** $y = a\,x^2 + b\,x + c \quad (a \neq 0)$
  ax^2 heißt quadratisches Glied, bx heißt lineares Glied und c konstantes Glied. Um den Scheitel abzulesen, muss man die Normalform in die Scheitelform umwandeln.

In beiden Fällen ist der Graph eine Parabel:

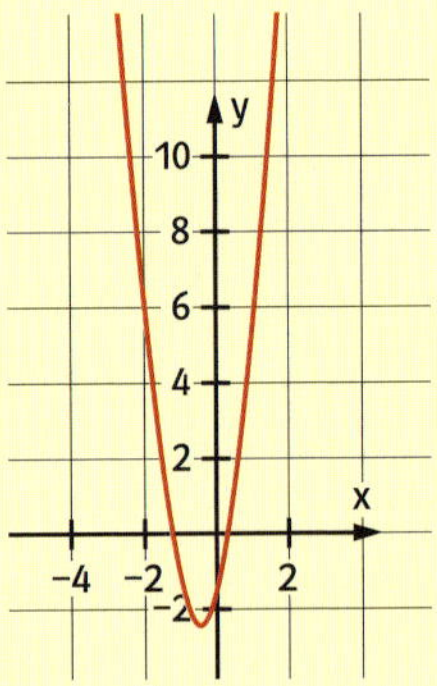

Umwandeln der Scheitelform in die Normalform:

$y = a\,(x - d)^2 + e$

$= a\,(x^2 - 2dx + d^2) + e$ (Binomische Formel!)

$= ax^2 - 2adx + ad^2 + e$

$= ax^2 \;\; + bx + \;\; c$ mit $b = -2ad$ und $c = ad^2 + e$

Beispiel

a) **Umwandeln der Scheitelform in die Normalform**

$y = 2(x - \frac{1}{2})^2 + \frac{3}{4}$

$= 2(x^2 - x + \frac{1}{4}) + \frac{3}{4}$

$= 2x^2 - 2x + \frac{1}{2} + \frac{3}{4}$

$= 2x^2 - 2x + \frac{5}{4}$

b) **Umwandeln der Normalform in die Scheitelform**

$y = 3x^2 - 6x + 9$

$a = 3;\ b = -6;\ c = 9$

mit $b = -2ad$ folgt $-6 = -2 \cdot 3 \cdot d$ und damit $d = 1$
mit $c = ad^2 + e$ folgt $9 = 3 \cdot 1^2 + e$ und damit $e = 6$

$y = 3(x - 1)^2 + 6$

Wissen kurz gefasst ✓

Eine quadratische Gleichung kann man in Scheitel- und Normalform angeben.
- Scheitelform: $y = a(x - d)^2 + e \quad (a \neq 0)$
- Normalform: $y = a x^2 + b x + c \quad (a \neq 0)$

Man kann beide Formen in die jeweils andere Form umwandeln.

Optimierungsprobleme

Kevin möchte für sein Meerschweinchen einen Käfig im Freien bauen. Dafür hat er 8 Meter Drahtzaun. Wie muss er den Käfig bauen, damit das Meerschweinchen am meisten Platz hat?

Im Alltag stellt sich häufiger die Frage, wann eine Größe ihren größten oder kleinsten Wert annimmt. Lässt sich die Größe mittels einer quadratischen Funktion bestimmen, so kann der größte oder kleinste Wert mithilfe des Scheitels berechnet werden. Dabei ist stets der y-Wert des Scheitels der größte oder kleinste Wert.

Beispiel

An eine Wand soll ein Freigehege für ein Meerschweinchen gebaut werden. Du hast 8 m Drahtzaun dafür zur Verfügung. In welchem Abstand von der Wand müssen die beiden Pfosten P und Q aufgestellt werden, damit das Freigehege möglichst groß ist?

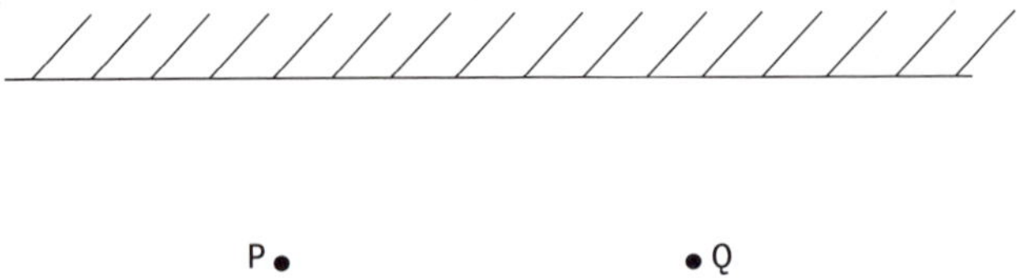

Geg.: 8 m Zaun; an der Wand wird kein Zaun benötigt
Ges.: größtmöglicher Flächeninhalt A des Freigeheges

1. Einführen der Variablen

Abstand eines Pfostens von der Wand: x

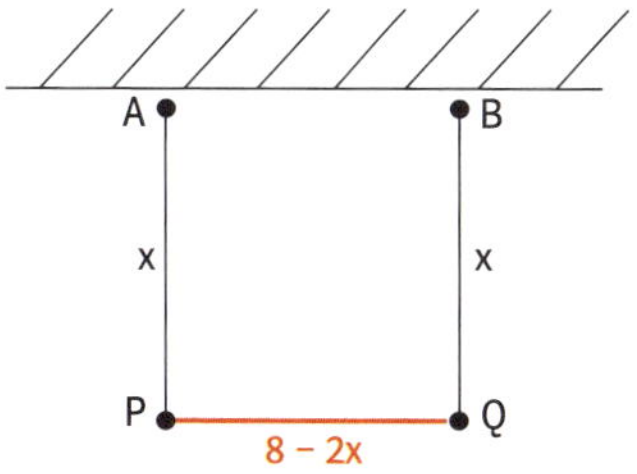

$AP = BQ = x$

$PQ = 8 - 2x$

Länge des Drahtes

2. Aufstellen der Funktionsgleichung

Flächeninhalt des Freigeheges: $A = AP \cdot PQ = x \cdot (8 - 2x) = 8x - 2x^2$

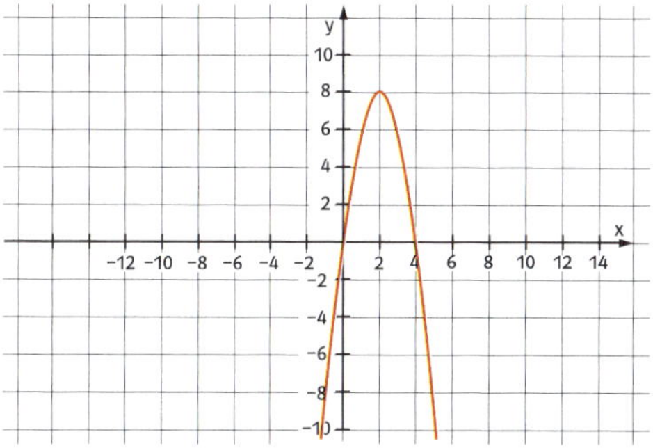

3. Bestimmung des Scheitels

$a = -2;\ b = 8;\ c = 0$

Mit $b = -2ad$ bzw. $8 = -2 \cdot (-2) \cdot d$ folgt $d = 2$ und mit $c = ad^2 + e$ bzw.

$0 = -2 \cdot 2^2 + e$ folgt $e = 8$

$y = -2(x - 2)^2 + 8$ S(2/8)

Antwort: An der Stelle $x = 2$ ist der Flächeninhalt am größten ($8\,m^2$). Der Abstand der beiden Pfosten beträgt: $PQ = 8\,m - 2 \cdot 2\,m = 4\,m$.

Wissen kurz gefasst ✓

Bei einem Optimierungsproblem sucht man den größten oder kleinsten Wert einer Größe. Wird die Größe durch eine quadratische Funktion bestimmt, so ist der y-Wert des Scheitels der größte bzw. kleinste Wert.

Potenzfunktion

Es gibt nicht nur quadratische Funktionen $y = ax^2 + bx + c$, d. h. mit 2 als höchster Potenz, sondern auch Funktionen mit 3, 4, … als höchster Potenz.

Eine Funktion mit der Gleichung $y = x^n$ ($x \in \mathbb{R}$; $n \in \mathbb{N}$) heißt **Potenzfunktion.** Der Parameter n gibt den Grad der Potenzfunktion an.

Potenzfunktionen mit geraden Hochzahlen

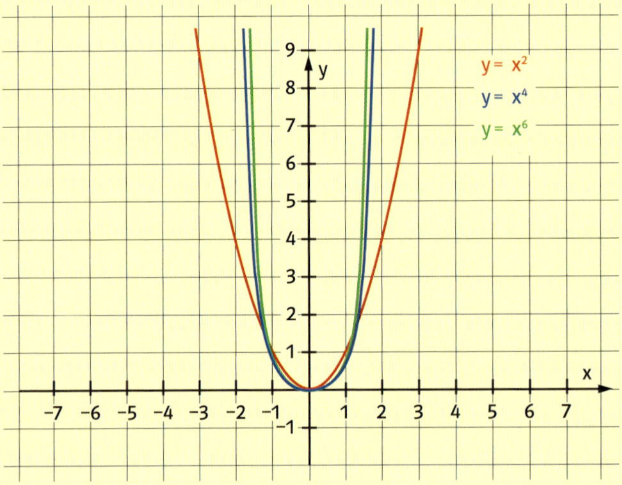

Eigenschaften:

- Sie haben alle den gleichen Scheitel S(0/0).
- Sie gehen alle durch die Punkte P(−1/1) und Q(1/1).
- Die y-Achse ist Symmetrieachse.
- Für negative x-Werte fällt der Graph, für positive x-Werte steigt der Graph.

Potenzfunktionen mit ungeraden Hochzahlen

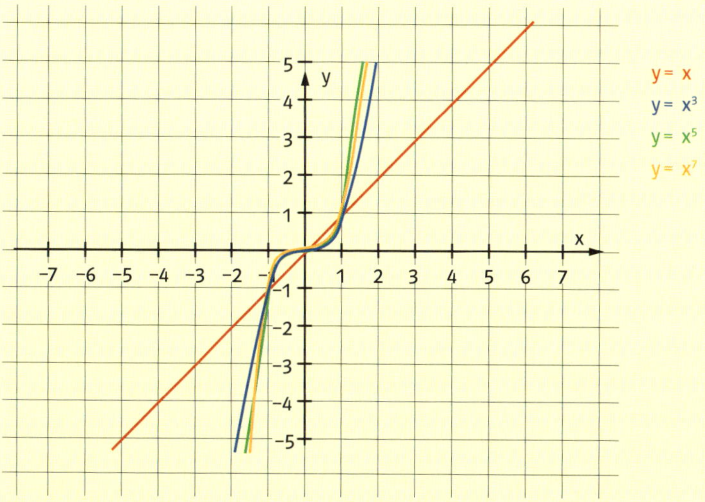

Eigenschaften:
- Sie haben alle den gleichen Scheitel S(0/0).
- Sie gehen alle durch die Punkte P(−1/−1) und Q(1/1).
- Sie sind punktsymmetrisch zum Ursprung.
- Sie steigen für alle x-Werte an.

Wissen kurz gefasst ✓

Eine Funktion mit der Gleichung $y = x^n$ ($x \in \mathbb{R}$; $n \in \mathbb{N}$) heißt Potenzfunktion n-ten Grades. Man unterscheidet zwischen Potenzfunktionen mit geraden und ungeraden Hochzahlen.

Quadratwurzelfunktion

Spiegelt man den rechten Ast der Normalparabel an der Geraden $y = x$, so erhält man eine neue Funktion: die Quadratwurzelfunktion.

Eine Funktion mit der Gleichung $y = \sqrt{x}$ $(x \geq 0)$ heißt **Quadratwurzelfunktion.**

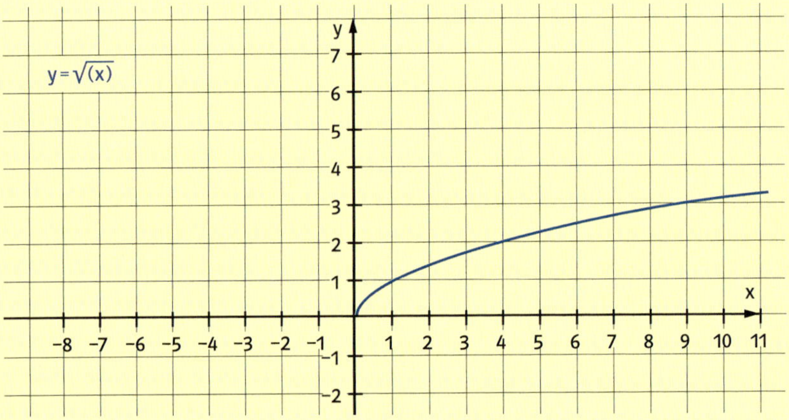

Die Quadratwurzelfunktion entsteht, indem man den rechten Ast der Normalparabel an der Geraden $y = x$ (auch 1. Winkelhalbierende genannt) spiegelt.

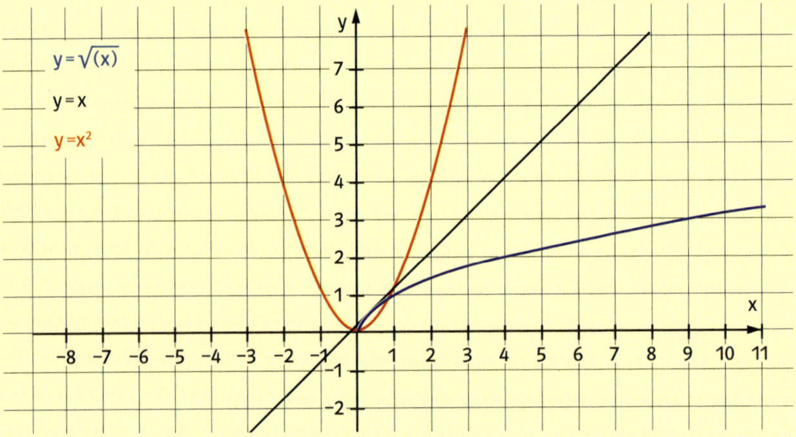

Beispiel

Zeichne folgende Funktionen:

a) $y = \frac{1}{2}\sqrt{x}$ b) $y = 2\sqrt{x}$

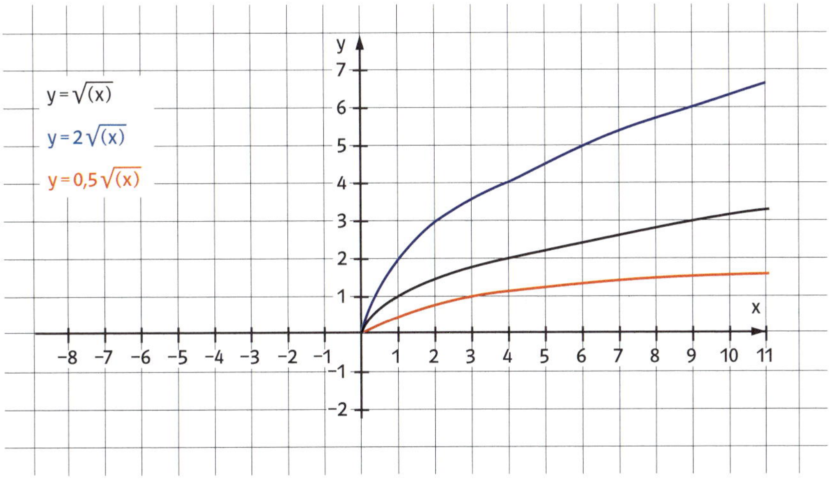

Wissen kurz gefasst ✓

Eine Funktion mit der Gleichung $y = \sqrt{x}$ $(x \geq 0)$ heißt Quadratwurzelfunktion. Sie entsteht aus der Normalparabel, indem man den rechten Ast an der 1. Winkelhalbierenden spiegelt.

Quadratische Gleichung

Bei einer quadratischen Funktion haben wir für x einen Wert eingesetzt und den zugehörigen Funktionswert erhalten. Um zu einem Funktionswert den x-Wert zu berechnen, verwendet man quadratische Gleichungen.

Eine Gleichung, die man mittels Umformungen auf die Form $ax^2 + bx + c = 0$ $(a \neq 0)$ bringen kann, nennt man **quadratische Gleichung.**
ax^2 heißt quadratisches Glied, bx lineares Glied und c konstantes Glied.
Fehlt bei einer quadratischen Gleichung das lineare Glied, so nennt man sie **reinquadratische Gleichung:** $ax^2 + c = 0$.
Eine quadratische Gleichung mit linearem Glied nennt man auch **gemischtquadratische Gleichung:** $ax^2 + bx + c = 0$

Bisher können wir quadratische Gleichungen nur durch systematisches Probieren lösen.
Eine quadratische Gleichung kann keine, eine oder zwei Lösungen besitzen.

Beispiel

Löse durch Probieren:
a) $x^2 + x - 2 = 0$ $(x \in \mathbb{Z})$

1. Umformen der Gleichung: $x^2 + x - 2 = 0 \quad | -x + 2$
$x^2 = -x + 2$
2. Gesucht ist eine Zahl x, deren Quadrat den gleichen Wert annimmt wie $-x + 2$.

3. Tabelle:

x	−3	−2	−1	0	1	2
x^2	9	4	1	0	1	4
$-x+2$	5	4	3	2	1	0

4. Für $x = -2$ und $x = 1$ nimmt x^2 den gleichen Wert an wie $-x + 2$.

b) $2x^2 + 16x + 32 = 0 \quad (x \in \mathbb{Z})$

1. Umformen der Gleichung: $2x^2 + 16x + 32 = 0 \quad |-16x-32$

$$2x^2 = -16x - 32 \quad |:2$$
$$x^2 = -8x - 16$$

2. Gesucht ist eine Zahl x, deren Quadrat den gleichen Wert annimmt wie $-8x-16$

3. Für positive x ist x^2 positiv und $-8x-16$ immer negativ, also existieren höchstens 1 oder keine Lösung.

4. Tabelle:

x	0	−1	−2	−3	−4
x^2	0	1	4	9	16
$-8x-16$	−16	−8	0	8	16

5. Für $x = -4$ nimmt x^2 den gleichen Wert an wie $-8x-16$.

Wissen kurz gefasst ✓

Eine Gleichung $ax^2 + bx + c = 0$ heißt quadratische oder gemischtquadratische Gleichung.
Eine Gleichung $ax^2 + c = 0$ heißt reinquadratische Gleichung.
Beide Arten kann man durch systematisches Probieren lösen.

Zeichnerisches Lösungsverfahren

So wie lineare Gleichungen zeichnerisch gelöst werden können, können auch quadratische Gleichungen zeichnerisch gelöst werden.

Zum Lösen einer quadratischen Gleichung durch Zeichnung gibt es zwei Möglichkeiten:

1. Man zeichnet die zur quadratischen Gleichung gehörende quadratische Funktion und bestimmt ihre Nullstellen.
   Nullstellen sind die Stellen, an denen der Graph die x-Achse schneidet.

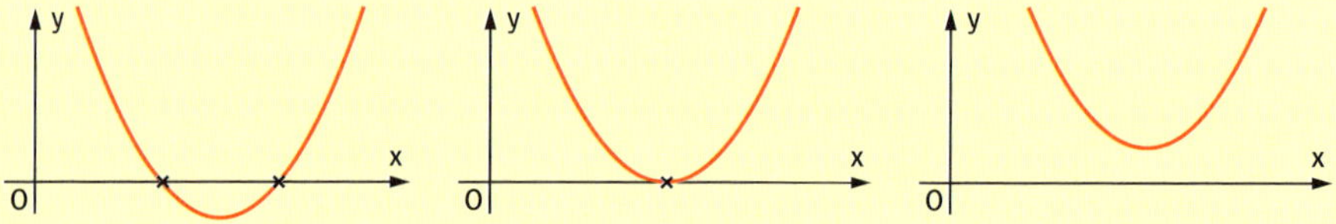

zwei Nullstellen – zwei Lösungen | eine Nullstelle – eine Lösung | keine Nullstelle – keine Lösung

2. Man formt die quadratische Gleichung so um, dass auf der einen Seite x^2 alleine steht. So erhält man zwei Funktionen, die Normalparabel und eine lineare Funktion (Gerade). Nun zeichnet man beide Funktionen in ein Koordinatensystem. Die x-Werte der Punkte, an denen sich die Normalparabel und die Gerade schneiden, sind die gesuchten Lösungen.

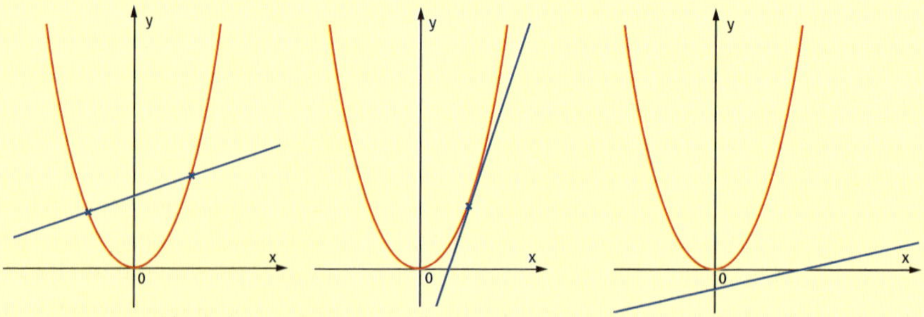

Zwei Schnittpunkte – zwei Lösungen | ein Schnittpunkt – eine Lösung | kein Schnittpunkt – keine Lösung

Beispiel

a) Bestimmen der Lösung mittels der Nullstellen der quadratischen Gleichung:
$x^2 - 2x - 8 = 0$

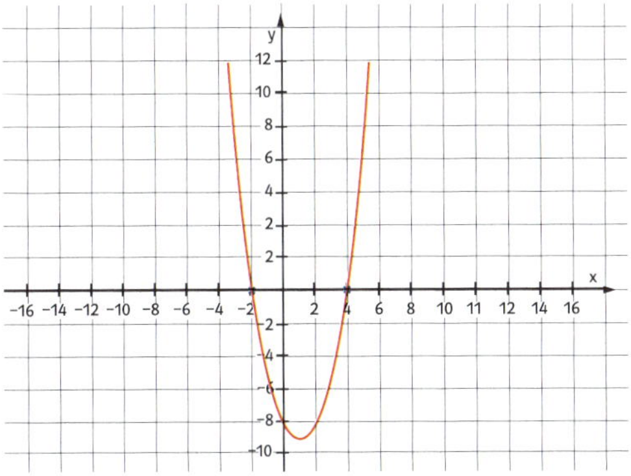

$x_1 = -2$
$x_2 = 4$

b) Bestimmen der Lösung als Schnittpunkte zweier Funktionen:
$x^2 + x - 3 = 0$
Normalparabel: $y = x^2$; lineare Funktion: $y = -x + 3$

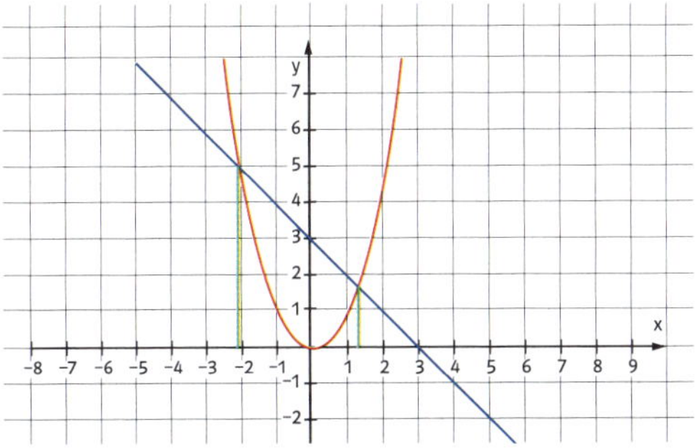

$x_1 \approx -2{,}4$
$x_2 \approx 1{,}3$

Wissen kurz gefasst ✓

Eine quadratische Gleichung kann auf zwei Arten zeichnerisch gelöst werden:
1. Man zeichnet die zugehörige quadratische Funktion und bestimmt die Nullstellen.
2. Man formt die Gleichung so um, dass auf der einen Seite die Gleichung der Normalparabel und auf der anderen Seite eine lineare Funktion steht. Dann zeichnet man beide Funktionen in ein Koordinatensystem. Der x-Wert der Schnittpunkte der beiden Funktionen ist die Lösung der Gleichung.

Binomische Formeln

Die Entdeckung der binomischen Formeln wird üblicherweise Alessandro oder auch Francesco Binomi, einer fiktiven Person, zugeschrieben. Die Bezeichnung „Binom" setzt sich zusammen aus „bi" für zwei und „nomen" für Name.

Zweigliedrige Terme, z. B. $a + b$ oder $a - b$, nennt man **Binome.** Multipliziert man mithilfe des Distributivgesetzes zwei Binome miteinander, so kann man diese zu einem quadratischen Term zusammenfassen.
Dies führt uns zu den **binomischen Formeln:**

1. **binomische Formel: $(a+b)^2 = a^2 + 2ab + b^2$**
   Beweis:
   $(a+b)^2 = (a+b)\cdot(a+b) = a^2 + ab + ba + b^2 = a^2 + 2ab + b^2$

2. **binomische Formel: $(a-b)^2 = a^2 - 2ab + b^2$**
   Beweis:
   $(a-b)^2 = (a-b)\cdot(a-b) = a^2 - ab - ba + b^2 = a^2 - 2ab + b^2$

3. **binomische Formel: $(a+b)\cdot(a-b) = a^2 - b^2$**
   Beweis:
   $(a+b)\cdot(a-b) = a^2 - ab + ba - b^2 = a^2 - b^2$

Beachte:
Folgende Formeln gelten **nicht**:

$(a+b)^2 \neq a^2 + b^2$
$(a-b)^2 \neq a^2 - b^2$

Beispiel

1. Multipliziere mit den binomischen Formeln aus.

   a) $(x+3)^2 = x^2 + 2 \cdot x \cdot 3 + 3^2 = x^2 + 6x + 9$
   b) $(2x-4)^2 = (2x)^2 - 2 \cdot 2x \cdot 4 + 4^2 = 4x^2 - 16x + 16$
   c) $(4x-5) \cdot (4x+5) = (4x)^2 - 5^2 = 16x^2 - 25$

2. Bilde mittels der binomischen Formeln ein Produkt.

   a) $x^2 + 50x + 625 = (x+25)^2$
   b) $2x^2 - 32x + 128 = 2 \cdot (x^2 - 16x + 64) = 2 \cdot (x-8)^2$
   c) $49x^2 - 36y^2 = (7x)^2 - (6y)^2 = (7x-6y) \cdot (7x+6y)$

3. Berechne mittels der binomischen Formeln im Kopf.

   a) $21^2 = (20+1)^2 = 20^2 + 2 \cdot 20 \cdot 1 + 1^2 = 400 + 40 + 1 = 441$
   b) $58^2 = (50+8)^2 = 50^2 + 2 \cdot 50 \cdot 8 + 8^2 = 2500 + 800 + 64 = 3364$
   c) $17 \cdot 23 = (20-3) \cdot (20+3) = 20^2 - 3^2 = 400 - 9 = 391$

Wissen kurz gefasst ✓

1. Binomische Formel: $(a+b)^2 = a^2 + 2ab + b^2$
2. Binomische Formel: $(a-b)^2 = a^2 - 2ab + b^2$
3. Binomische Formel: $(a+b) \cdot (a-b) = a^2 - b^2$

Zeichnerische Lösungsverfahren führen häufig zu ungenauen Ergebnissen.

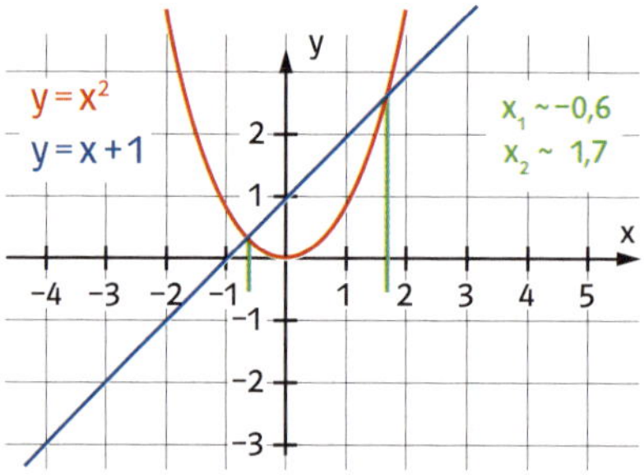

Lösen einer quadratischen Gleichung der Form $x^2 = r$, wobei $r \in \mathbb{R}$

Eine quadratische Gleichung kann keine, eine oder zwei Lösungen besitzen.
Die Gleichung $x^2 = r$ hat

- zwei Lösungen, wenn r positiv ist ($r > 0$). Die Lösungen sind $-\sqrt{r}$ und $+\sqrt{r}$, da $(-\sqrt{r})^2 = r$ und $\sqrt{r}^2 = r$.
- eine Lösung, wenn $r = 0$. Es gilt $x^2 = 0$ und damit $x = 0$.
- keine Lösung, wenn r negativ ist ($r < 0$). Die Lösungsmenge ist die leere Menge $L = \{\}$.

Beispiel

a) $x^2 = -3$
Die Gleichung hat keine Lösung, da r negativ ist.
$L = \{\}$

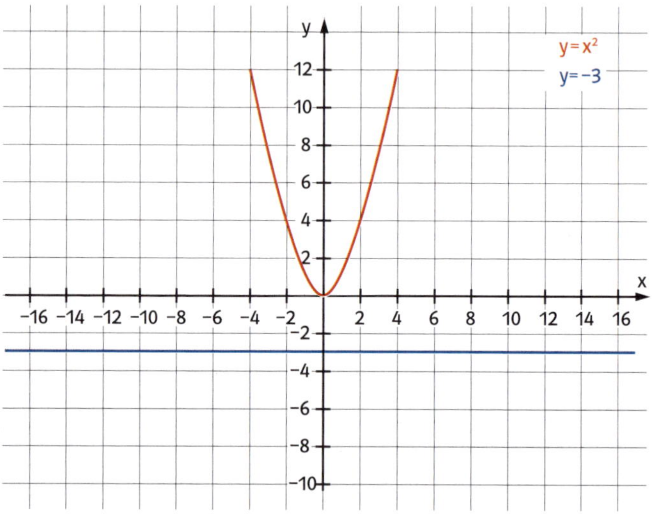

b) $x^2 = 0$

$x = 0$

$L = \{0\}$

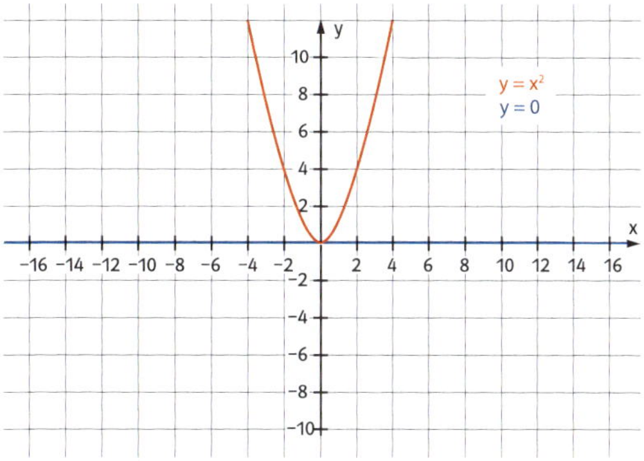

c) $x^2 = 4$

$x = -2$ und $x = 2$

$L = \{-2; 2\}$

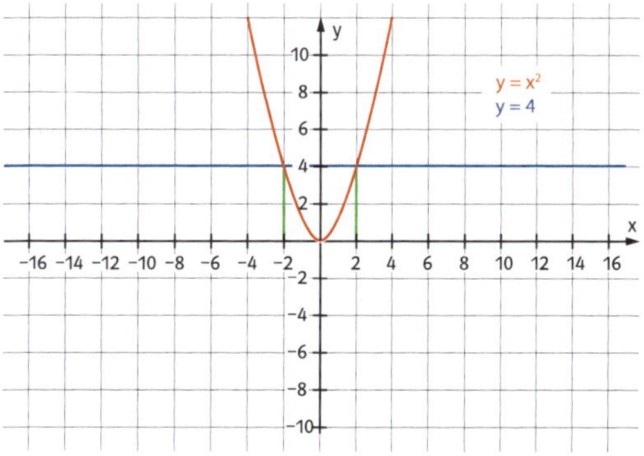

d) $2x^2 + 3 = 6 \quad |-3$

$2x^2 = 3 \quad |:2$

$x^2 = \frac{3}{2}$

$x_1 = -\sqrt{\frac{3}{2}}$ oder $x_2 = \sqrt{\frac{3}{2}}$

$L = \{-\sqrt{\frac{3}{2}}; \sqrt{\frac{3}{2}}\}$

Wissen kurz gefasst ✓

Eine quadratische Gleichung $x^2 = r$ kann keine, eine oder zwei Lösungen besitzen.
- Für $r > 0$ hat die Gleichung zwei Lösungen: $x_1 = -\sqrt{r}$ und $x_2 = \sqrt{r}$.
- Für $r = 0$ hat die Gleichung eine Lösung: $x = 0$.
- Für $r < 0$ hat die Gleichung keine Lösung.

Quadratische Gleichungen existieren nicht nur in der einfachen Form $x^2=r$, sondern auch in der Form $(x-d)^2=r$ oder $x^2-2xd+d^2=r$.

Lösen einer quadratischen Gleichung der Form $(x-d)^2=r$

Auch diese Form der quadratischen Gleichung kann zwei, eine oder keine Lösung besitzen. Um die Gleichung zu lösen, können wir unser Wissen über das Lösen von Gleichungen der Form $x^2=r$ zu Hilfe nehmen.

Dazu betrachten wir die Gleichung $(x-d)^2=r$ als reinquadratische Gleichung. Die Gleichung hat

- zwei Lösungen, wenn $r>0$:
  $x_1-d=-\sqrt{r}$ und $x_2-d=\sqrt{r}$
  $x_1=-\sqrt{r}+d$ und $x_2=\sqrt{r}+d$

- eine Lösung, wenn $r=0$:
  $x=d$

- keine Lösung, wenn $r<0$:
  $L=\{\}$

Tipp

Manchmal kann man eine quadratische Gleichung der Form $ax^2+bx+c=r$ mittels der binomischen Formeln auf eine quadratische Gleichung der Form $(x-d)^2=r$ zurückführen. Zum Lösen kann sie dann wie eine reinquadratische Gleichung behandelt werden.

Beispiel

Löse folgende quadratische Gleichungen:

a) $(x+5)^2 = 49$

$x_1 + 5 = 7$ und $x_2 + 5 = -7$

$x_1 = 2$ und $x_2 = -12$

$L = \{-12; 2\}$

b) $(x+6)^2 = 36$

$x_1 + 6 = 6$ und $x_2 + 6 = -6$

$x_1 = 0$ und $x_2 = -12$

$L = \{-12; 0\}$

c) $x^2 - 6x + 9 = 36$

$(x-3)^2 = 36$ binomische Formel!!!

$x_1 - 3 = 6$ und $x_2 - 3 = -6$

$x_1 = 9$ und $x_2 = -3$

$L = \{-3; 9\}$

d) $x^2 - 8x + 4 = -12 \quad | +12$

$x^2 - 8x + 16 = 0$

$(x-4)^2 = 0$

$x - 4 = 0$

$x = 4$

$L = \{4\}$

Wissen kurz gefasst ✓

Eine Gleichung der Form $(x-d)^2 = r$ wird zum Lösen als reinquadratische Gleichung betrachtet. Sie kann keine, eine oder zwei Lösungen besitzen.

- Für $r > 0$ hat die Gleichung zwei Lösungen: $x_1 = -\sqrt{r} + d$ und $x_2 = \sqrt{r} + d$.
- Für $r = 0$ hat die Gleichung eine Lösung: $x = d$.
- Für $r < 0$ hat die Gleichung keine Lösung.

Auf welche Art kann man quadratische Gleichungen lösen, die sich nicht auf den ersten Blick mit einer binomischen Formel auf eine Gleichung der Form $(x-d)^2=r$ zurückführen lassen?

Lösen einer quadratischen Gleichung mittels quadratischer Ergänzung
Jede quadratische Gleichung $ax^2+bx+c=0$ kann auf die Form $(x-d)^2=r$ zurückgeführt werden. Dazu dividiert man zuerst die Gleichung durch a $(a \neq 0)$ und bringt sie damit auf die Form $x^2+\frac{b}{a}x+\frac{c}{a}=0$ bzw. $x^2+px+q=0$, wobei $p=\frac{b}{a}$ und $q=\frac{c}{a}$. Dann bringt man die Gleichung auf die Form $x^2+px=-q$. Schließlich ergänzt man den Term x^2+px durch $\left(\frac{p}{2}\right)^2$ sodass man den neuen Term mit einer binomischen Formel als Quadrat schreiben kann. Dieses Verfahren heißt **quadratische Ergänzung.**

Es gilt dann: $x^2+px+\left(\frac{p}{2}\right)^2=\left(x+\frac{p}{2}\right)^2$

Beachte:
Auf beiden Seiten der Gleichung muss mit der gleichen Zahl ergänzt werden!

Tipp

Hat die Gleichung die Form $x^2+px=0$, so ist die Gleichung einfach zu lösen:

$$x(x+p)=0$$

$x_1=0$ und $x_2=-p$

Beispiel

a) $x^2+8x+7=0 \quad |-7$

$x^2+8x=-7$

Quadratische Ergänzung:

$x^2+8x+4^2=-7+4^2$

$(x+4)^2=9$

$x_1+4=3$ und $x_2+4=-3$

$x_1=-1$ und $x_2=-7$

$L=\{-7; -1\}$

b) $-\frac{3}{2}x^2+6x+6=0 \quad |\cdot\left(-\frac{2}{3}\right)$

$x^2-4x+4=0 \quad |-4$

$x^2-4x=-4$

$x^2-4x+2^2=-4+2^2$

$(x-2)^2=0$

$x-2=0$

$x=2$

$L=\{2\}$

Wissen kurz gefasst ✓

Mithilfe der quadratischen Ergänzung kann man jede gemischtquadratische Gleichung auf die Form $(x-d)^2=r$ bringen und sie mit bekannten Verfahren lösen.
Bei der quadratischen Ergänzung ergänzt man den Term x^2+px so, dass man den neuen Term mit einer binomischen Formel als Quadrat schreiben kann.

Erste Lösungsformel für quadratische Gleichungen

Die quadratische Gleichung ist in allgemeiner Form $ax^2 + bx + c = 0$ gegeben:

$x_{1,2} = \frac{-b \pm \sqrt{b^2 - 4ac}}{2a}$ wobei $b^2 - 4ac = D$ Diskriminante heißt.

Die quadratische Gleichung hat

- zwei Lösungen, wenn $D > 0$:
  $x_1 = \frac{-b + \sqrt{b^2 - 4ac}}{2a}$ und $x_2 = \frac{-b - \sqrt{b^2 - 4ac}}{2a}$
- eine Lösung, wenn $D = 0$: $x = -\frac{b}{2a}$
- keine Lösung, wenn $D < 0$.

Tipp

Diese Lösungsformel kann für jede quadratische Gleichung benutzt werden. Sie ist auch als Mitternachtsformel bekannt.

Beispiel

a) $3x^2 - 4x - 4 = 0$

$a = 3;\ b = -4;\ c = -4$

$$x_1 = \frac{4 + \sqrt{4^2 - 4 \cdot 3 \cdot (-4)}}{2 \cdot 3} = \frac{4 + \sqrt{16 + 48}}{6} = \frac{4 + 8}{6} = 2$$

$$x_2 = \frac{4 - \sqrt{4^2 - 4 \cdot 3 \cdot (-4)}}{2 \cdot 3} = \frac{4 - \sqrt{16 + 48}}{6} = \frac{4 - 8}{6} = -\frac{2}{3}$$

$L = \{-\frac{2}{3};\ 2\}$

b) $4x^2 + 64x + 144 = 0$

$a = 4;\ b = 64;\ c = 144$

$D = b^2 - 4ac = 64^2 - 4 \cdot 4 \cdot 144 = 4096 - 36864 = -32768$

Da die Diskriminante negativ ist, hat die quadratische Gleichung keine Lösung.

$L = \{\}$

Wissen kurz gefasst ✓

Zum Lösen einer quadratischen Gleichung $ax^2 + bx + c = 0$ $(a \neq 0)$ existiert eine Lösungsformel

Für $b^2 - 4ac = D \geq 0$ gilt:

$$x_{1,2} = \frac{-b \pm \sqrt{b^2 - 4ac}}{2a}$$

8 Quadratische Gleichungen Zweite Lösungsformel

Außer der sogenannten Mitternachtsformel zum Lösen quadratischer Gleichungen gibt es eine weitere Lösungsformel.

Zweite Lösungsformel für quadratische Gleichungen

Die quadratische Gleichung ist in Normalform $x^2 + px + q = 0$ gegeben:

$x_{1,2} = -\frac{p}{2} \pm \sqrt{\left(\frac{p}{2}\right)^2 - q}$ wobei $\left(\frac{p}{2}\right)^2 - q = D$ Diskriminante heißt.

Die quadratische Gleichung hat

- zwei Lösungen, wenn $D > 0$:
  $x_1 = -\frac{p}{2} + \sqrt{\left(\frac{p}{2}\right)^2 - q}$ und $x_2 = -\frac{p}{2} - \sqrt{\left(\frac{p}{2}\right)^2 - q}$
- eine Lösung, wenn $D = 0$: $x = -\frac{p}{2}$
- keine Lösung, wenn $D < 0$.

Tipp

Diese Lösungsformel kann für quadratische Gleichungen benutzt werden, bei denen vor dem quadratischen Teil eine 1 steht. Um dies zu erreichen, muss man die quadratische Gleichung durch die Zahl, die vor dem x^2 steht, teilen.
Diese Lösungsformel ist auch als p-q-Formel bekannt.

Beispiel

a) $x^2 + 8x - 9 = 0$

$p = 8;\ q = -9$

$x_1 = -\frac{8}{2} + \sqrt{\left(\frac{8}{2}\right)^2 + 9} = -4 + \sqrt{16 + 9} = -4 + 5 = 1$

$x_2 = -\frac{8}{2} - \sqrt{\left(\frac{8}{2}\right)^2 + 9} = -4 - \sqrt{16 + 9} = -4 - 5 = -9$

$L = \{-9;\ 1\}$

b) $-3x^2 - 12x + 60 = 0 \quad |:(-3)$

$x^2 + 4x - 20 = 0$

$x_1 = -2 + \sqrt{2^2 + 20} = -2 + \sqrt{4 + 20} = -2 + \sqrt{24} = -2 + 2\sqrt{6} = 2(-1 + \sqrt{6}) \approx 2{,}9$

$x_2 = -2 - \sqrt{2^2 + 20} = -2 - \sqrt{4 + 20} = -2 - \sqrt{24} = -2 - 2\sqrt{6} = -2(1 + \sqrt{6}) \approx -6{,}9$

$L = \{2(-1 + \sqrt{6});\ -2(1 + \sqrt{6})\}$

Wissen kurz gefasst ✓

Ist eine quadratische Gleichung in der Form $x^2 + px + q = 0$ gegeben, so kann man sie mit folgender Formel lösen:

Für $\left(\frac{p}{2}\right)^2 - q = D \geq 0$ gilt:

$$x_{1,2} = -\frac{p}{2} \pm \sqrt{\left(\frac{p}{2}\right)^2 - q}$$

Winkel an Geraden

Scheitel- und Nebenwinkel

Schneiden sich zwei Geraden, so entstehen dabei 4 Winkel.

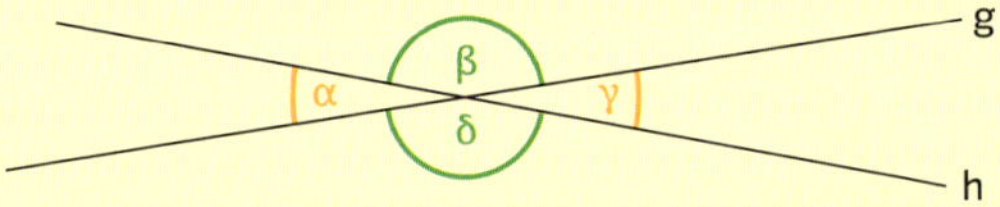

Die Winkel α und γ sowie die Winkel β und δ sind **Scheitelwinkel** zueinander.
Die Winkel α und β sowie γ und δ sind **Nebenwinkel**.
Es gilt:

- Scheitelwinkel sind gleich groß.
- Nebenwinkel ergeben zusammen 180°.

Stufen- und Wechselwinkel

Werden zwei Geraden g und h von einer dritten Geraden i geschnitten, so entstehen weitere Winkel.
Die Winkel α und β sind **Stufenwinkel**, da sie auf derselben Seite der Geraden i und auf den entsprechenden Seiten der Geraden g und h liegen.

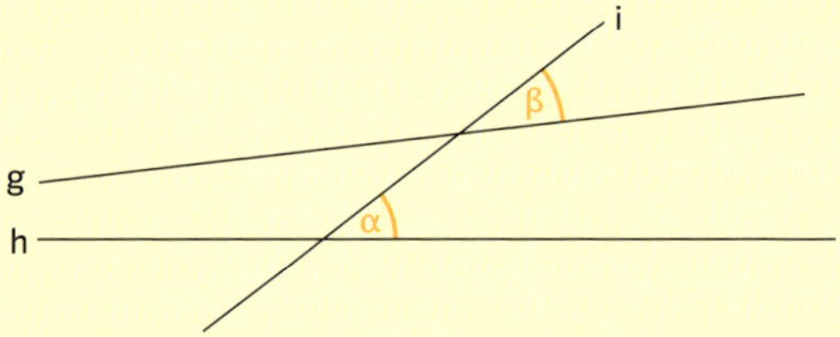

Die Winkel δ und γ sind **Wechselwinkel,** da sie auf verschiedenen Seiten der Geraden i und entgegengesetzten Seiten der Geraden g und h liegen.

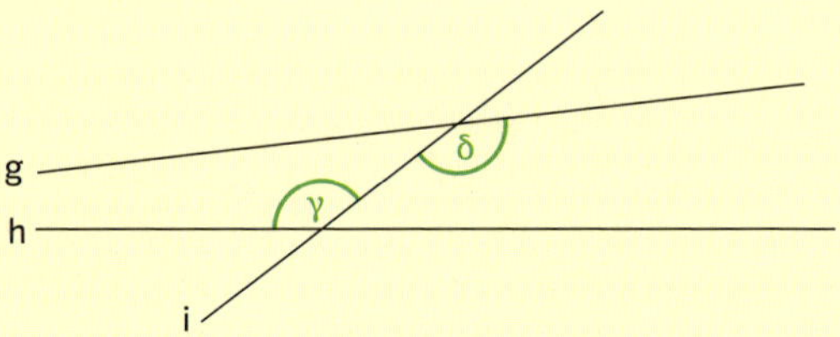

Sind die Geraden g und h parallel zueinander, so gelten der Stufen- und Wechselwinkelsatz.

Stufenwinkelsatz

Ist g || h, dann sind α und β gleich groß.
Oder:
Sind α und β gleich groß, dann ist g || h.

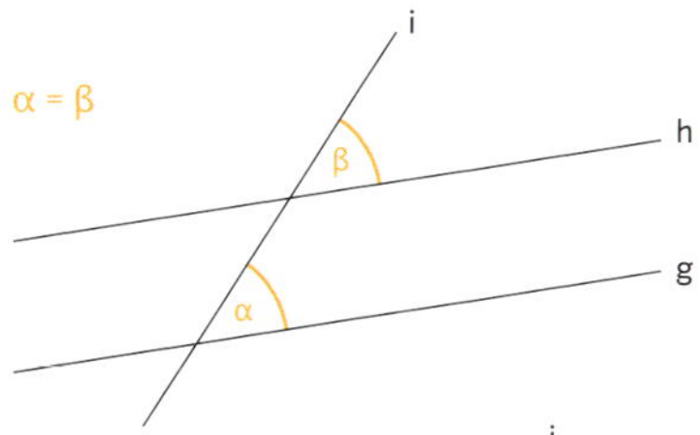

Wechselwinkelsatz

Ist g || h, dann sind δ und γ gleich groß.
Oder:
Sind δ und γ gleich groß, dann ist g || h.

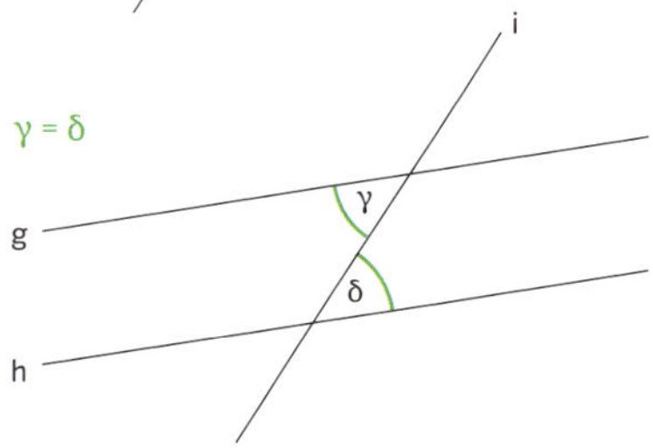

Beispiel

Bestimme die fehlenden Winkelgrößen.

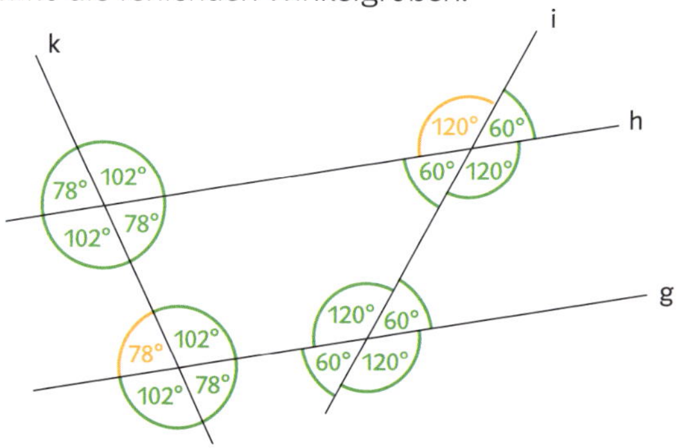

g ∥ h

geg.: 120° und 78°

Wissen kurz gefasst ✓

Bei sich schneidenden Geraden heißen gegenüberliegende Winkel Scheitelwinkel.
Nebeneinanderliegende Winkel heißen Nebenwinkel.
An parallelen Geraden sind Stufen- und Wechselwinkel gleich groß.
Es gilt auch umgekehrt:
Sind Stufen- und Wechselwinkel gleich groß, dann sind die Geraden parallel.

Winkelsummen

Bestimme den fehlenden Winkel.

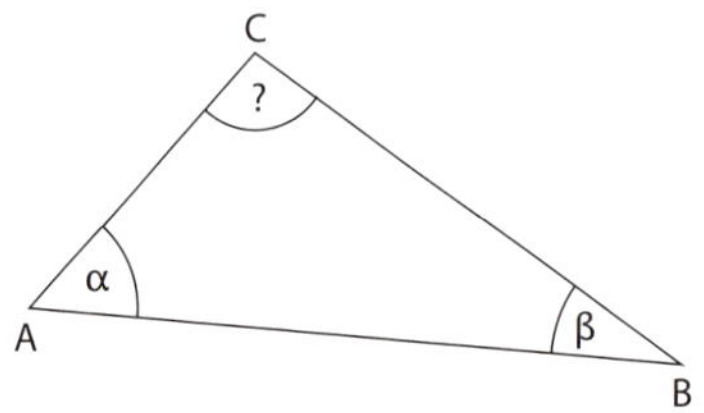

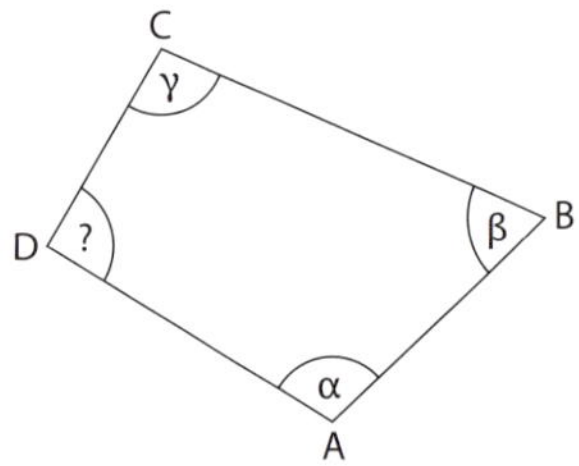

Winkelsumme im Dreieck

Im Dreieck beträgt die Summe aller innenliegenden Winkel 180°.

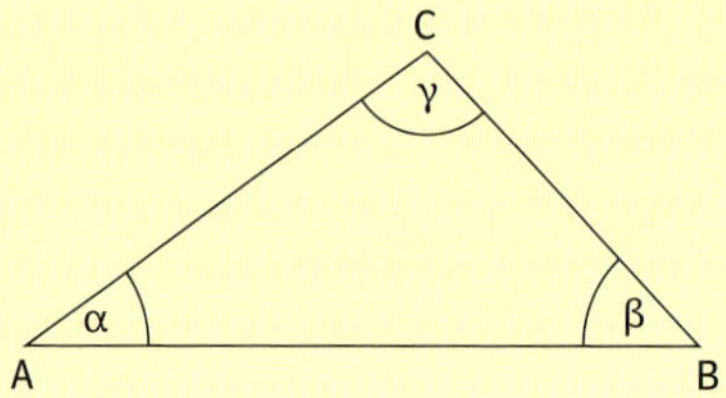

$\alpha + \beta + \gamma = 180°$

Dreiecke werden aufgrund der Größe der Innenwinkel in drei Kategorien zusammengefasst:

- **spitzwinklige Dreiecke:**
  Jeder Innenwinkel ist kleiner als 90°.

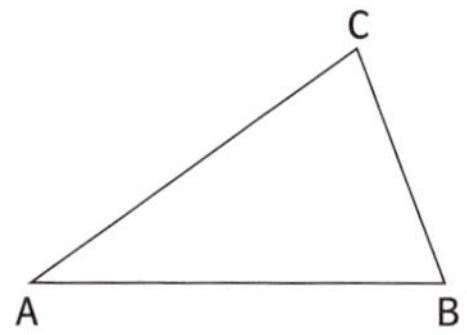

- **stumpfwinklige Dreiecke:**
  Ein Innenwinkel ist größer als 90°.

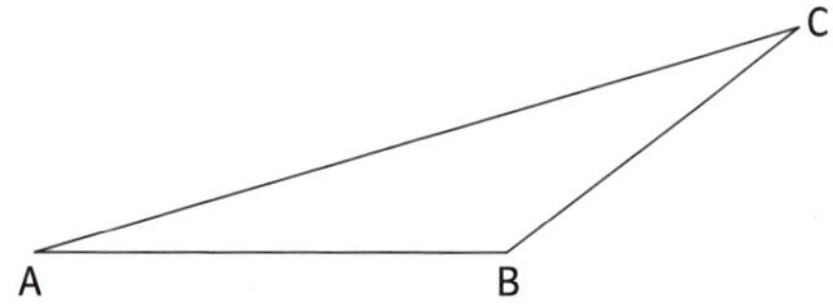

- **rechtwinklige Dreiecke:**
  Ein Innenwinkel ist 90°.

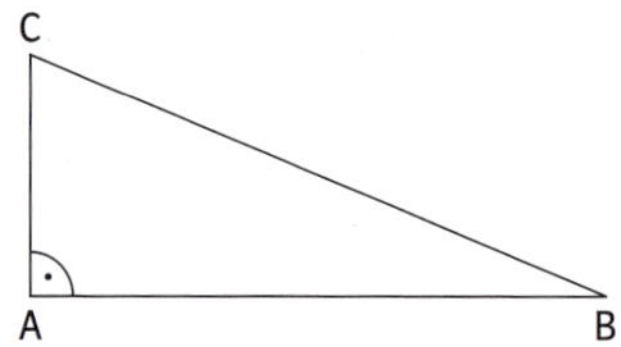

Winkelsumme im Viereck

Im Viereck beträgt die Summe aller innenliegenden Winkel 360°.

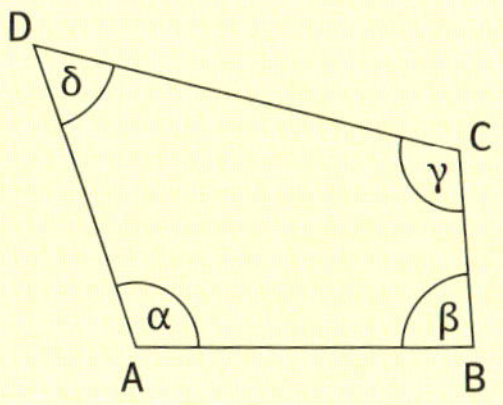

$$\alpha + \beta + \gamma + \delta = 360°$$

Beispiel

Bestimme die fehlenden Winkel.

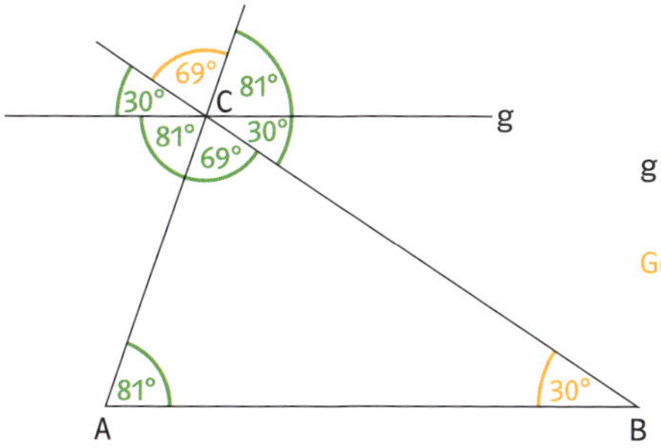

g ∥ a

Geg. 30° und 69°

Wissen kurz gefasst ✓

Die Summe der Innenwinkel im Dreieck beträgt 180°.
Die Summe der Innenwinkel im Viereck beträgt 360°.
Sind alle Innenwinkel kleiner als 90°, so ist das Dreieck spitzwinklig.
Ist ein Innenwinkel größer als 90°, so ist das Dreieck stumpfwinklig.
Ist ein Innenwinkel 90°, so ist das Dreieck rechtwinklig.

Besondere Dreiecke

Warum sind diese Dreiecke außergewöhnlich?

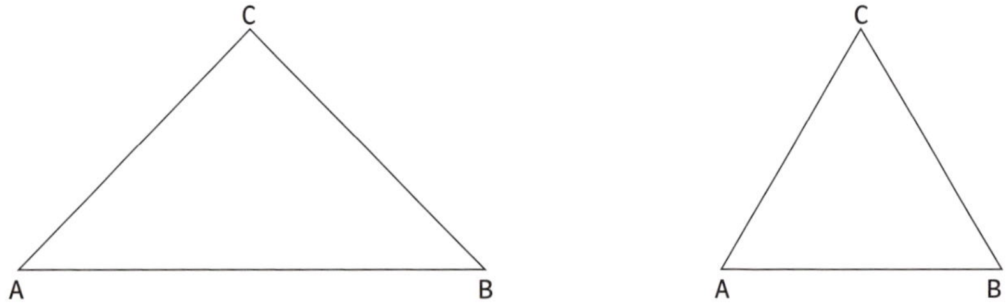

Gleichschenklige Dreiecke

Sind bei einem Dreieck mindestens zwei Seiten gleich lang, so nennt man es ein **gleichschenkliges Dreieck**.

Man hat folgende Bezeichnungen eingeführt:

- Die beiden gleich langen Seiten heißen **Schenkel** des Dreiecks.
- Die andere Seite heißt **Basis.**
- Die beiden Winkel, die an der Basis anliegen, nennt man **Basiswinkel.**

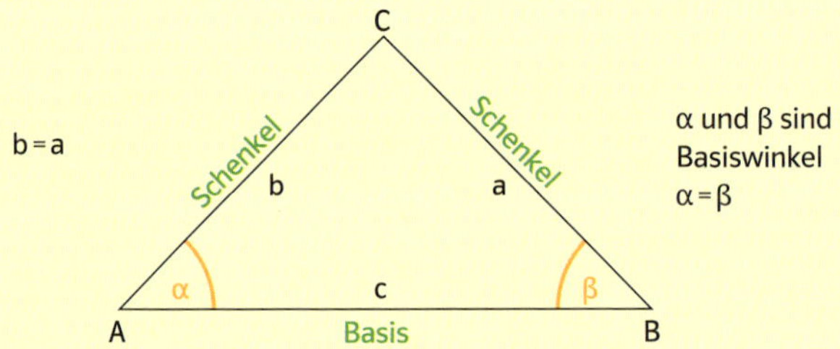

Es gilt:

- Die Basiswinkel sind gleich groß.
- Ein gleichschenkliges Dreieck ist symmetrisch zur Geraden durch C und M.

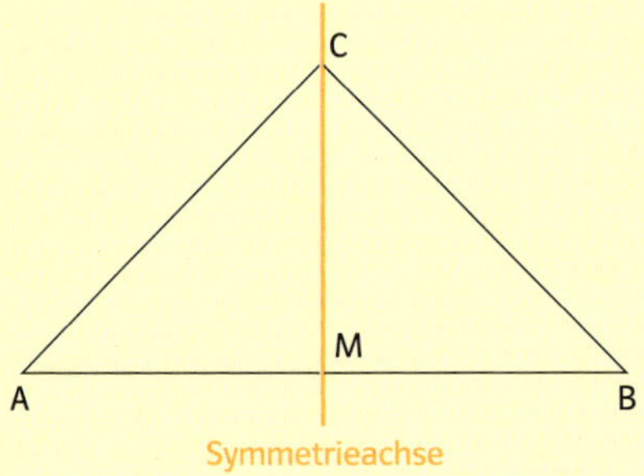

Gleichseitige Dreiecke
Sind bei einem Dreieck alle Seiten gleich lang, so nennt man das Dreieck **gleichseitig.**

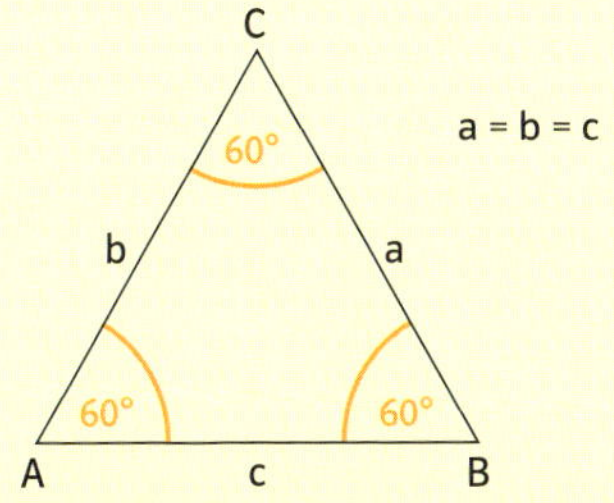

Es gilt:
- In einem gleichseitigen Dreieck sind die Innenwinkel gleich groß und betragen 60°.
- Ein gleichseitiges Dreieck hat 3 Symmetrieachsen.

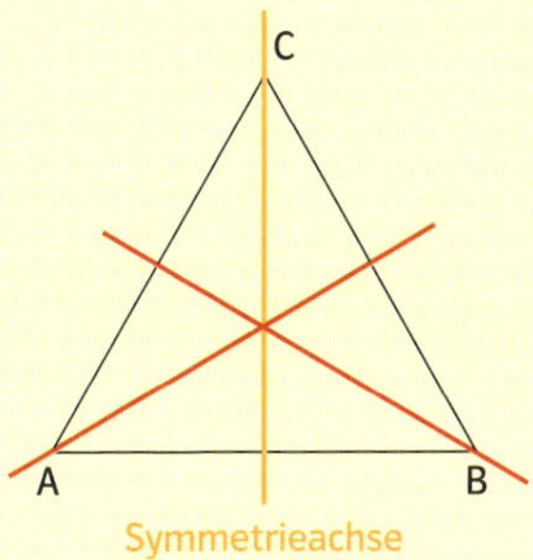

Jedes gleichseitige Dreieck ist auch gleichschenklig. Jedoch nicht jedes gleichschenklige Dreieck ist auch gleichseitig.

Tipp

Wissen kurz gefasst ✓

Sind bei einem Dreieck mindestens zwei Seiten gleich lang, so ist es gleichschenklig.
Sind alle Seiten gleich lang, so ist es gleichseitig.
Jedes gleichseitige oder gleichschenklige Dreieck hat eine Symmetrieachse.

Wir wissen, dass im gleichseitigen und gleichschenkligen Dreieck Zusammenhänge existieren, die man zum Berechnen oder Konstruieren des Dreiecks verwenden kann. Gibt es solche Zusammenhänge und Beziehungen auch in einem beliebigen Dreieck?

Zusammenhänge im beliebigen Dreieck

- Zur längeren Seite gehört immer der größere Gegenwinkel.
- Umkehrung: Zum größeren Winkel gehört immer die längere gegenüberliegende Seite.

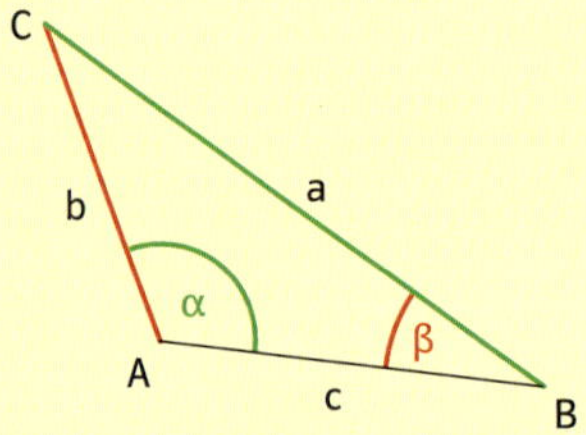

Ist $\alpha > \beta$, so ist $a > b$.

Ist $a > b$, so ist $\alpha > \beta$.

- Bei einem Dreieck ist die Summe zweier Seiten immer größer als die dritte Seite.
  $a + b > c$; $b + c > a$; $a + c > b$
  Diese 3 Ungleichungen nennt man **Dreiecksungleichungen**.
  Sind diese nicht erfüllt, so kann das Dreieck nicht konstruiert werden.

$a = 2{,}5\,\text{cm}$; $b = 3{,}1\,\text{cm}$; $c = 6\,\text{cm}$

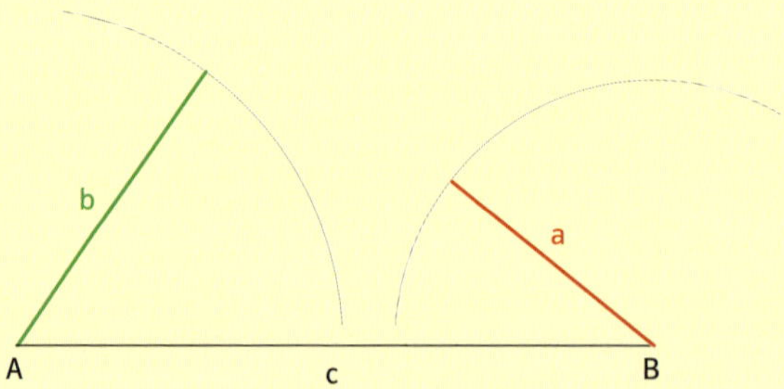

Beispiel

Prüfe rechnerisch, ob ein Dreieck mit folgenden Seitenlängen existiert. Wenn ja, konstruiere das Dreieck.

a) $a = 5\,cm$; $b = 5{,}2\,cm$; $c = 9{,}5\,cm$

1. $a + b > c$ $\quad 5\,cm + 5{,}2\,cm = 10{,}2\,cm > 9{,}5\,cm$
2. $b + c > a$ $\quad 5{,}2\,cm + 9{,}5\,cm = 14{,}7\,cm > 5\,cm$
3. $a + c > b$ $\quad 5\,cm + 9{,}5\,cm = 14{,}5\,cm > 5{,}2\,cm$

Da die Dreiecksungleichungen erfüllt sind, ist das Dreieck konstruierbar.

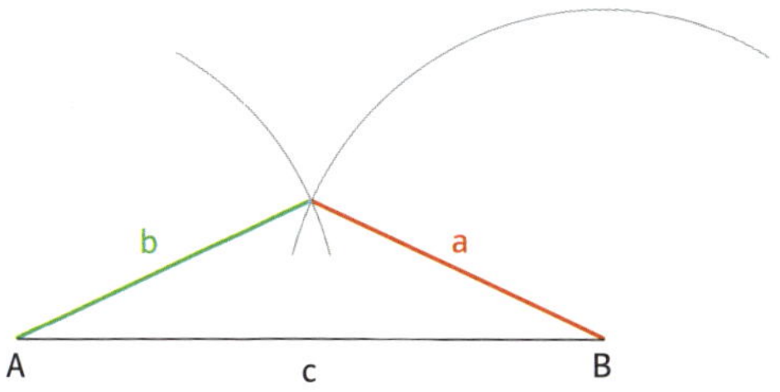

b) $a = 2{,}4\,cm$; $b = 3{,}3\,cm$; $c = 5{,}9\,cm$

1. $a + b > c$ $\quad 2{,}4\,cm + 3{,}3\,cm = 5{,}7\,cm < 5{,}9\,cm$
2. $b + c > a$ $\quad 3{,}3\,cm + 5{,}9\,cm = 9{,}3\,cm > 2{,}4\,cm$
3. $a + c > b$ $\quad 2{,}4\,cm + 5{,}9\,cm = 8{,}3\,cm > 3{,}3\,cm$

Da eine Dreiecksungleichung nicht erfüllt ist, ist das Dreieck nicht konstruierbar.

Wissen kurz gefasst ✓

- Zur längeren Seite gehört immer der größere Gegenwinkel.
- Zum größeren Winkel gehört immer die längere gegenüberliegende Seite.
- Damit ein Dreieck konstruierbar ist, müssen die Dreiecksungleichungen erfüllt sein:
  $a + b > c$; $b + c > a$; $a + c > b$

Abstände

Wo liegen alle Punkte, die von einem gegebenen Punkt den gleichen Abstand haben? Wo liegen alle Punkte, die von einer gegebenen Geraden den gleichen Abstand haben? Solche und ähnliche Fragen werden in dieser Lerneinheit behandelt.

Abstand eines Punktes A zu einem Punkt B

Hat die Strecke $\overline{AB}$ die Länge l, so sagt man auch: Die Punkte A und B haben einen Abstand von l.

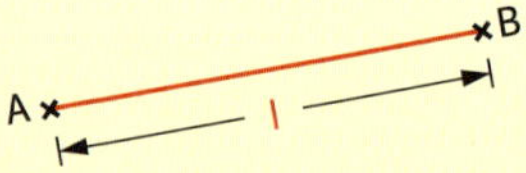

Abstand eines Punktes A von einer Geraden g

Der Abstand von A zu g ist die kürzeste Verbindung zwischen A und g. Bestimmung des Abstandes:

- Zeichne eine senkrechte Gerade h zu g durch den Punkt A.
- h schneidet g im Punkt B.
- Die Strecke $\overline{AB}$ ist der gesuchte Abstand.

Man nennt diese Strecke auch das **Lot von A auf g**.

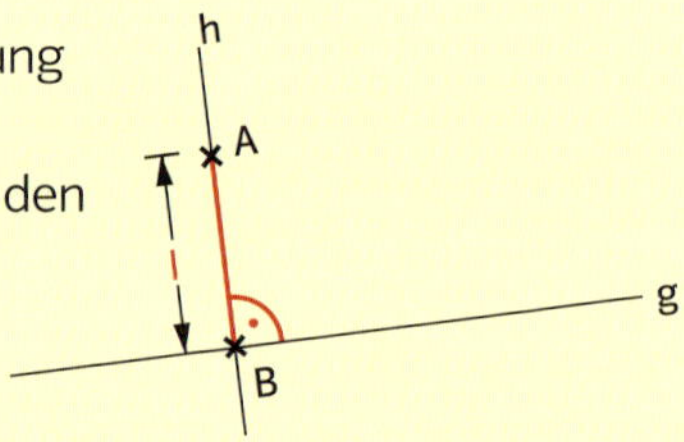

Abstand zweier paralleler Geraden g und h

Der Abstand zwischen g und h ist der Abstand eines Punktes auf g von h und umgekehrt. Es gilt: Jeder Punkt auf g hat den gleichen Abstand zu h und umgekehrt.

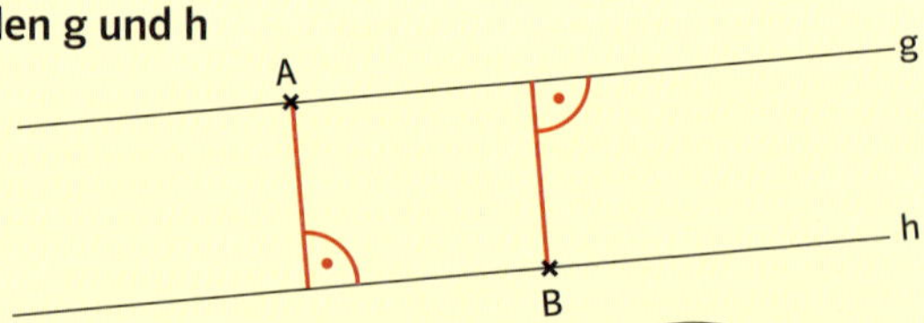

Gleicher Abstand von einem Punkt

Bei einem Kreis haben alle Punkte auf der Kreislinie den gleichen Abstand zum Mittelpunkt M. Dieser Abstand r ist der Radius des Kreises.

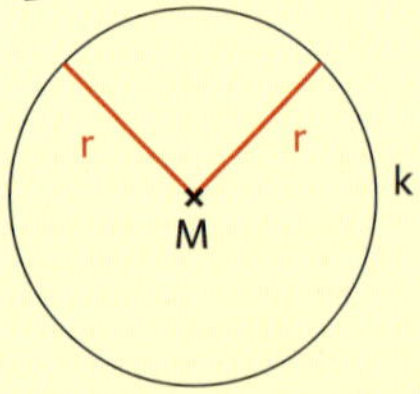

Gleicher Abstand von zwei Punkten A und B
Alle Punkte, die von A und B den gleichen Abstand besitzen, liegen auf einer Geraden m. Die Gerade m ist senkrecht zur Strecke $\overline{AB}$ und geht durch die Mitte von AB. Die Gerade m heißt auch **Mittelsenkrechte von AB.**

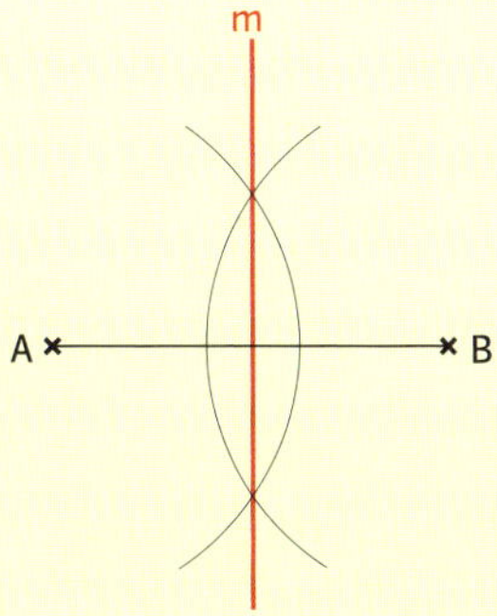

Gleicher Abstand von zwei parallelen Geraden g und h
Alle Punkte, die von g und h den gleichen Abstand besitzen, liegen auf einer zu g und h parallelen Geraden i. Diese Gerade i liegt in der Mitte zwischen g und h und heißt **Mittelparallele.**

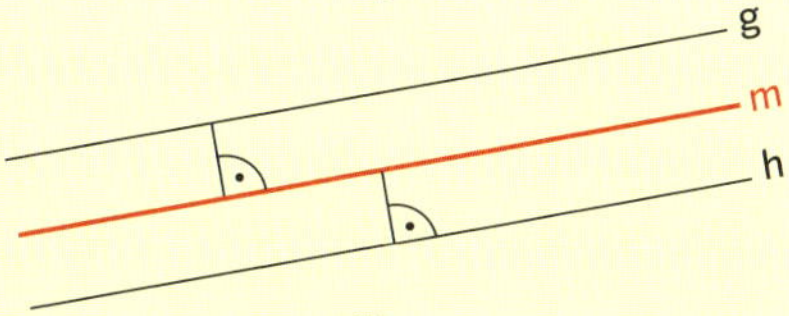

Gleiche Abstände von zwei sich schneidenden Geraden g und h
Alle Punkte, die von g und h den gleichen Abstand besitzen, liegen auf zwei Geraden w_1 und w_2. Diese Geraden heißen **Winkelhalbierende,** da sie die Winkel α und β zwischen g und h halbieren.

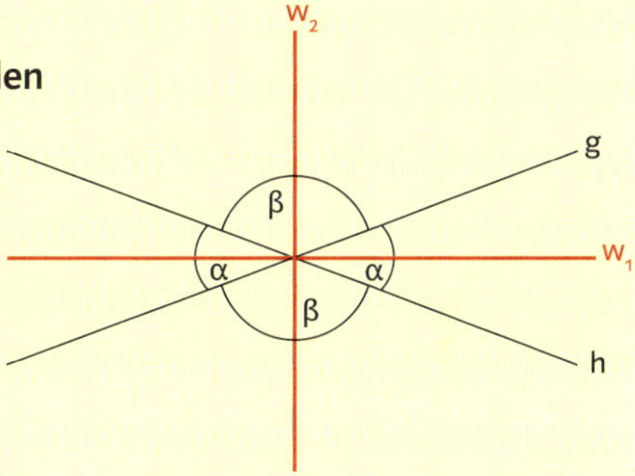

Wissen kurz gefasst ✓

- Der Abstand zweier Punkte ist die Länge ihrer Verbindungsstrecke.
- Der Abstand eines Punktes von einer Geraden ist die Länge seines Lotes.
- Der Abstand zweier paralleler Geraden ist der Abstand eines Punktes auf einer Geraden zur anderen Geraden.
- Alle Punkte auf der Mittelsenkrechten zu einer Strecke haben den gleichen Abstand von den Endpunkten der Strecke.
- Alle Punkte, die den gleichen Abstand zu zwei parallelen Geraden haben, liegen auf einer Mittelparallelen.
- Alle Punkte, die den gleichen Abstand zu zwei sich schneidenden Geraden haben, liegen auf zwei Winkelhalbierenden.

Mittelsenkrechte

Zeichne eine Strecke $\overline{AB}$ auf ein Blatt Papier. Falte dein Papier so, dass der Punkt A auf den Punkt B trifft. Welche Eigenschaften hat die Faltkante?

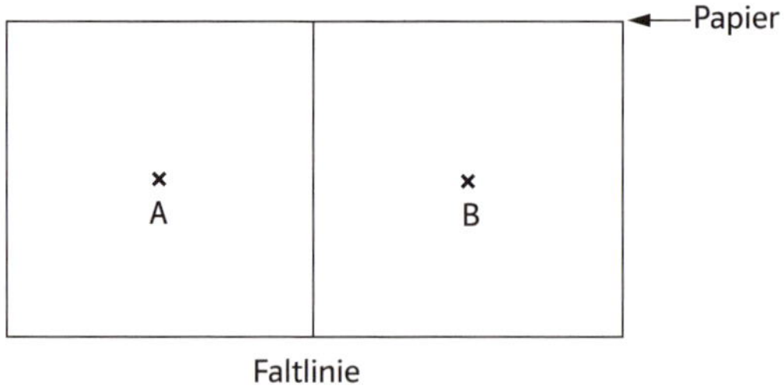

Eigenschaften der Mittelsenkrechte m einer Strecke $\overline{AB}$

- m halbiert die Strecke $\overline{AB}$ und geht durch ihren Mittelpunkt M.
- m steht senkrecht (orthogonal) zur Strecke $\overline{AB}$.
- m ist die Symmetrieachse der Strecke $\overline{AB}$.
- Alle Punkte auf m haben zu A und B den gleichen Abstand.

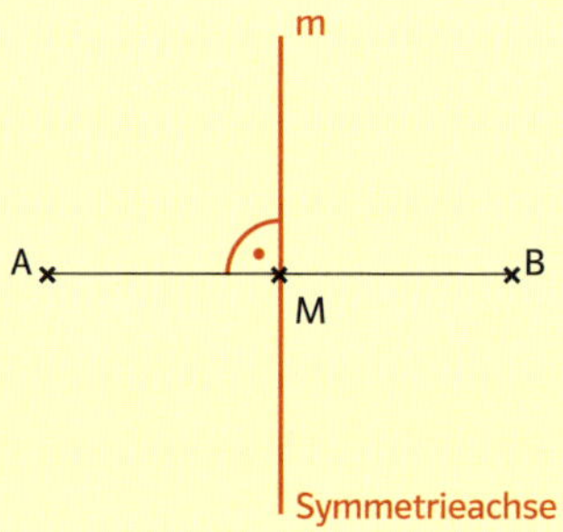

Konstruktion der Mittelsenkrechten m einer Strecke $\overline{AB}$

Konstruktionsbeschreibung:

1. ohne Zirkel

Ermittle mittels des Geodreiecks die Mitte M der Strecke $\overline{AB}$. Zeichne die Orthogonale zu $\overline{AB}$ durch M.

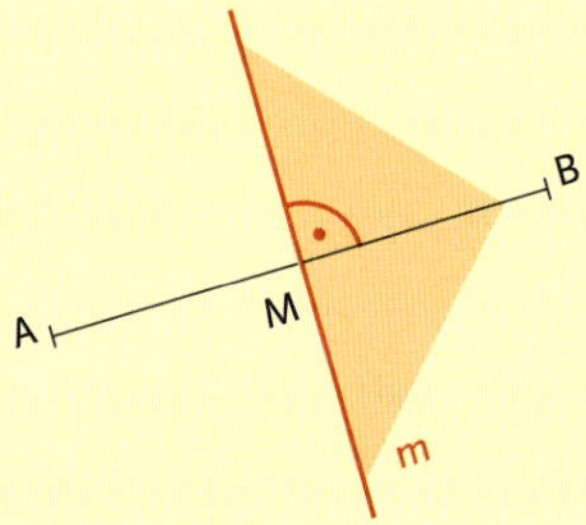

2. mit Zirkel

Zeichne um A und B zwei Kreise mit gleichem Radius, die sich schneiden. Zeichne die Gerade m durch die Schnittpunkte der beiden Kreise.

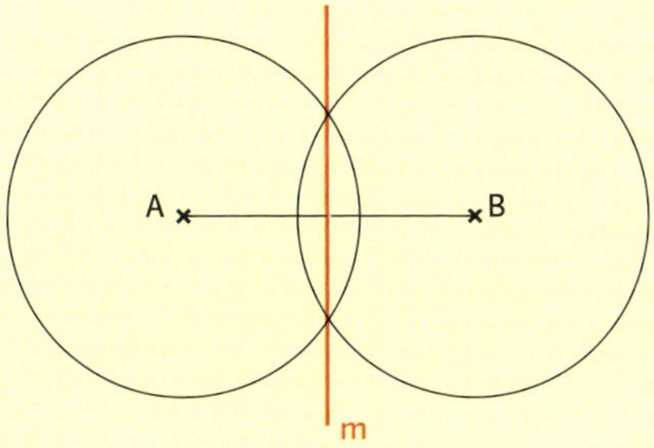

In einem gleichschenkligen Dreieck ist die Mittelsenkrechte der Basis die Symmetrieachse des Dreiecks.

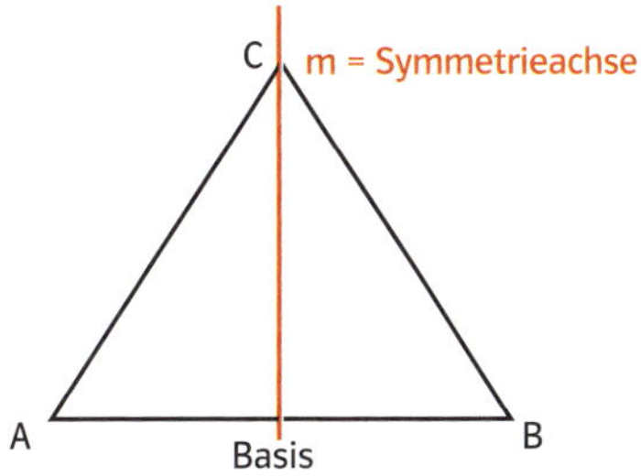

In einem gleichseitigen Dreieck ist die Mittelsenkrechte jeder Seite eine Symmetrieachse des Dreiecks.

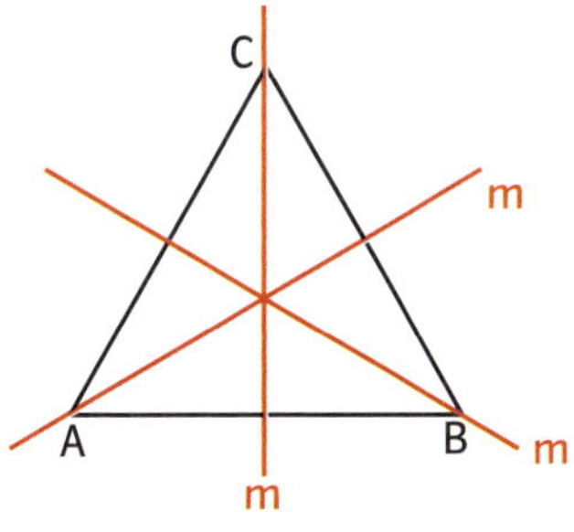

Wissen kurz gefasst ✓

Die Mittelsenkrechte einer Strecke $\overline{AB}$ ist der geometrische Ort aller Punkte, die von A und B den gleichen Abstand haben.
Man kann sie mit und ohne Zirkel konstruieren. In der Geometrie wird jedoch meistens die Variante mit Zirkel verwendet.

Wir wissen, wie man die Mittelsenkrechte m zu einer Strecke $\overline{AB}$ konstruiert. Können wir damit auch die Senkrechte zu einer Geraden durch einen beliebigen Punkt P konstruieren?

Konstruktion der Senkrechten zu einer Geraden g durch den Punkt P

1. **P liegt auf g (P ∈ g)**

   Konstruktionsbeschreibung:
   - Zeichne einen Kreis um P mit beliebigem Radius r. Er schneidet g in A und B.
   - Konstruiere die Mittelsenkrechte m zur Strecke $\overline{AB}$.

Da die Mittelsenkrechte senkrecht zur Strecke $\overline{AB}$ und damit zur Geraden g ist, ist sie die gesuchte senkrechte Gerade.

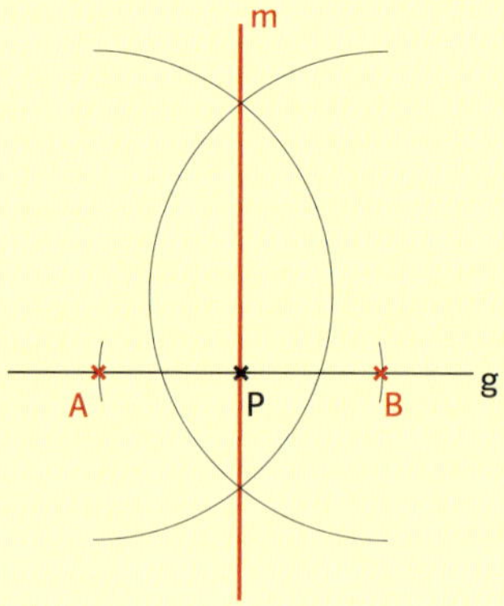

2. P liegt nicht auf g ($P \notin g$)

Konstruktionsbeschreibung:

- Zeichne einen Kreis um P mit beliebigem Radius r, der die Gerade g schneidet. Die Schnittpunkte heißen A und B.
- Konstruiere die Mittelsenkrechte m zur Strecke $\overline{AB}$.

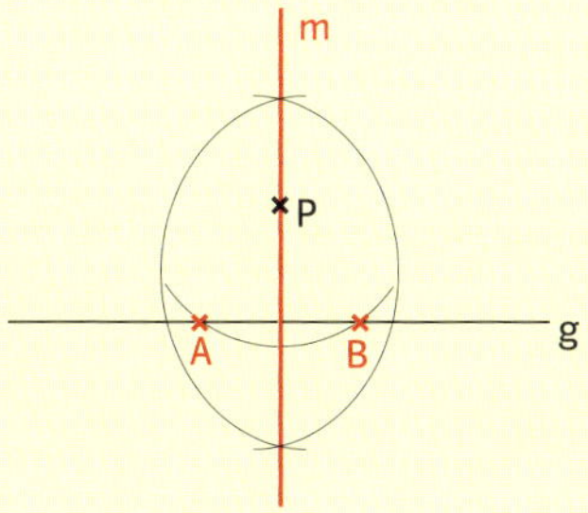

Beispiel

Gegeben ist ein Dreieck ABC. Konstruiere die Senkrechte zur Seite c durch den Punkt C.

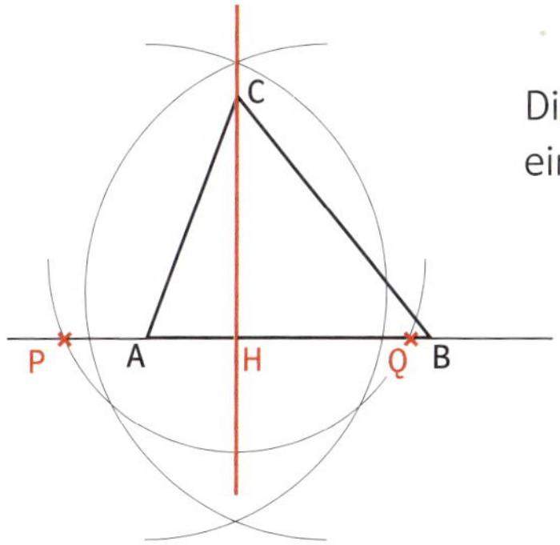

Die Strecke $\overline{CH}$ ist eine Höhe des Dreiecks.

Wissen kurz gefasst ✓

Um eine Senkrechte zu einer Geraden g zu konstruieren, nutzt man die Eigenschaften der Mittelsenkrechten einer Strecke.

Winkelhalbierende

Gegeben ist ein gleichschenkliges Dreieck ABC und die Mittelsenkrechte m zu $\overline{AB}$.
Welche Eigenschaften hat m?

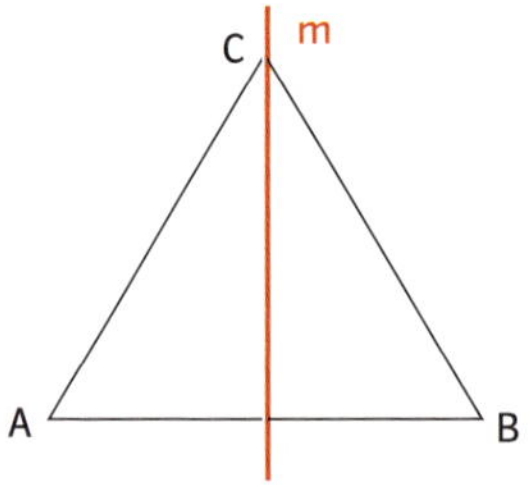

Eigenschaften der Winkelhalbierenden w eines Winkels

- w halbiert den Winkel α.
- Alle Punkte auf w haben von den beiden Schenkeln des Winkels den gleichen Abstand.

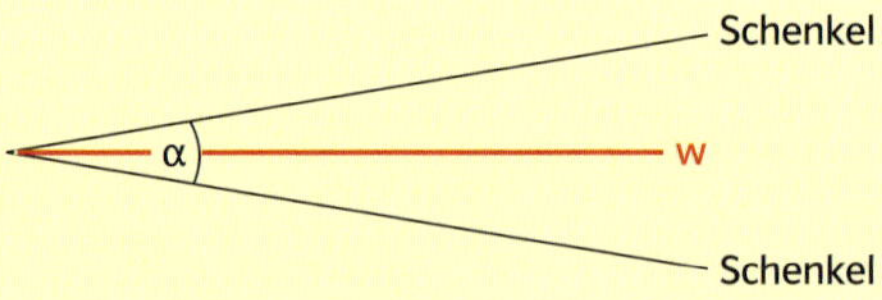

Konstruktion der Winkelhalbierenden eines Winkels

- Zeichne um den Scheitel S des Winkels α einen Kreis. Dieser schneidet die beiden Schenkel in den Punkten A und B.
- Konstruiere die Mittelsenkrechte der Strecke $\overline{AB}$.
- Die Mittelsenkrechte der Strecke $\overline{AB}$ ist die Winkelhalbierende des Winkels α.

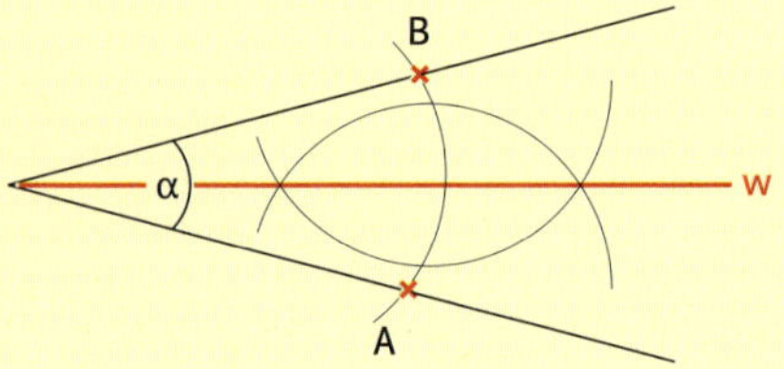

In einem gleichschenkligen Dreieck ist die Mittelsenkrechte der Basis c auch gleichzeitig Winkelhalbierende des Winkels γ.

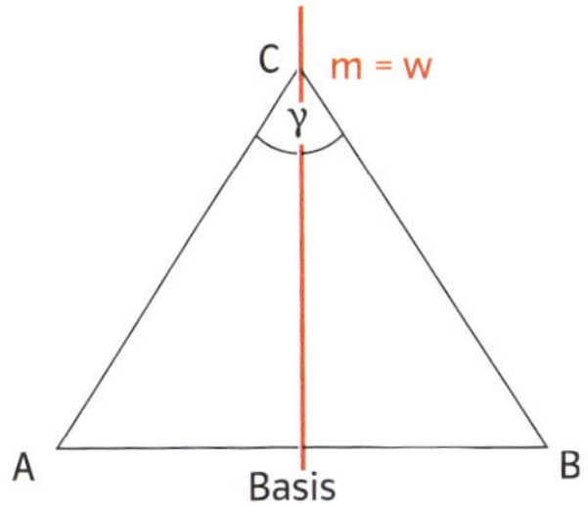

In einem gleichseitigen Dreieck ist die Mittelsenkrechte jeder Seite gleichzeitig Winkelhalbierende zum gegenüberliegenden Winkel.

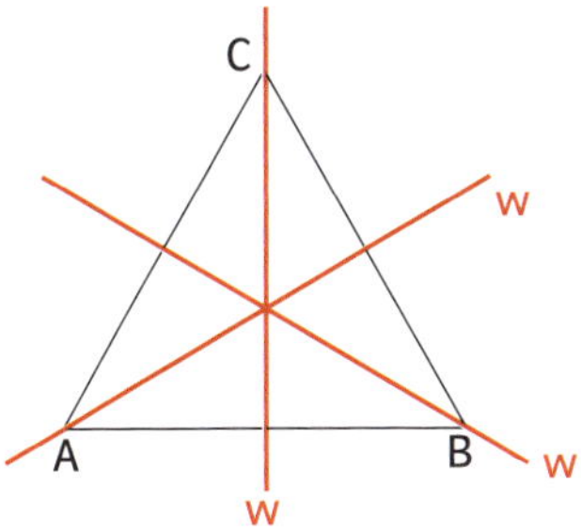

Wissen kurz gefasst ✓

Die Winkelhalbierende ist der geometrische Ort aller Punkte, die von den beiden Schenkeln den gleichen Abstand haben.

Gabi möchte einen Kreis aus einem dreieckigen Blatt Papier ausschneiden.
Wie schafft sie es ohne viel Abfall?

Umkreis

Der **Umkreis** ist der Kreis, der durch alle Eckpunkte eines Dreiecks verläuft.
In jedem Dreieck schneiden sich die drei Mittelsenkrechten in einem Punkt, dem Mittelpunkt U des Umkreises.
Die Eckpunkte des Dreiecks haben vom Mittelpunkt des Umkreises den gleichen Abstand.

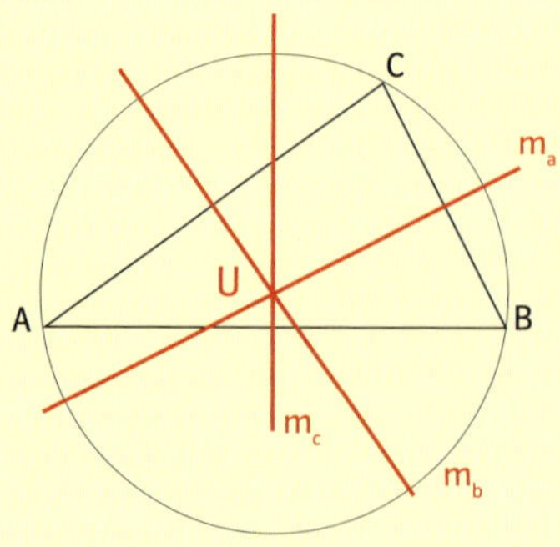

Inkreis

Der **Inkreis** ist der Kreis im Inneren eines Dreiecks, der alle drei Seiten berührt.
In jedem Dreieck schneiden sich die drei Winkelhalbierenden in einem Punkt, dem Mittelpunkt I des Inkreises.
Der Mittelpunkt I hat von den drei Seiten den gleichen Abstand.

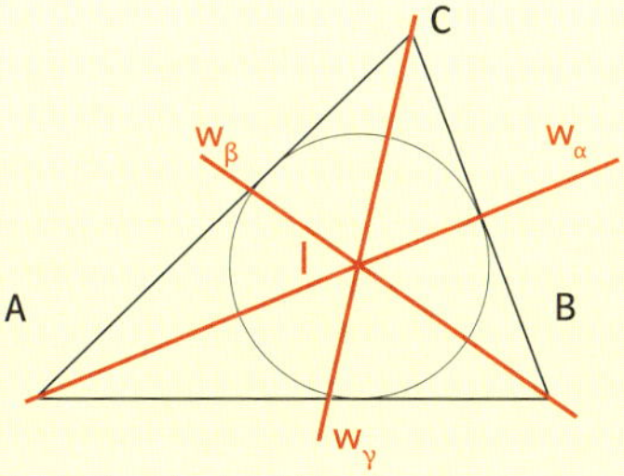

Beispiel

Bestimme den Mittelpunkt eines Kreises.

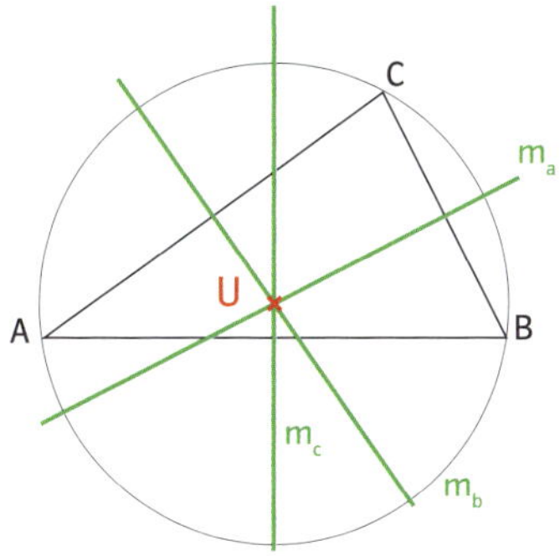

Wissen kurz gefasst ✓

Alle Mittelsenkrechten eines Dreiecks schneiden sich in einem Punkt, dem Mittelpunkt U des Umkreises. U hat von den drei Eckpunkten den gleichen Abstand.
Alle Winkelhalbierenden eines Dreiecks schneiden sich in einem Punkt, dem Mittelpunkt I des Inkreises. I hat von den drei Seiten den gleichen Abstand.

Zwei Stecknadeln
und eine Postkarte
„sind“ ein Zirkel!

Satz des Thales

Ein Dreieck ABC, dessen Grundseite $\overline{AB}$ der Durchmesser eines Halbkreises ist und dessen Spitze C auf der Kreislinie liegt, ist ein rechtwinkliges Dreieck.
Andere Formulierung:
Ein Winkel, dessen Scheitel auf einer Kreislinie liegt und dessen Schenkel durch die Endpunkte des Durchmessers des Kreises verlaufen, ist ein rechter Winkel.

Umkehrung:
Ist ein Dreieck ABC rechtwinklig, so liegt die Ecke C auf dem Halbkreis über seinem Durchmesser $\overline{AB}$.

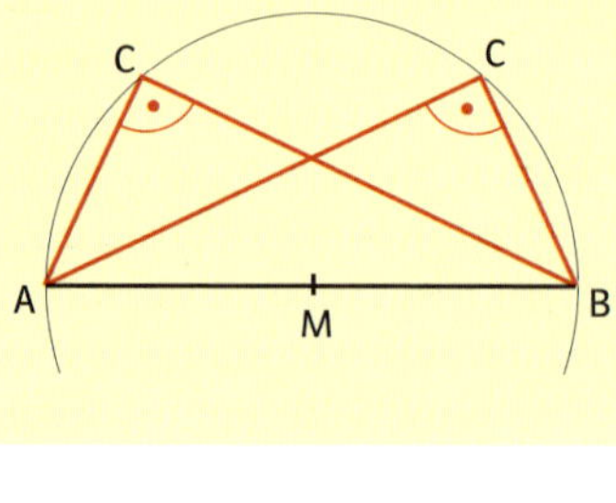

Konstruiere vom Punkt P aus die Tangenten und den Kreis k.

Beispiel

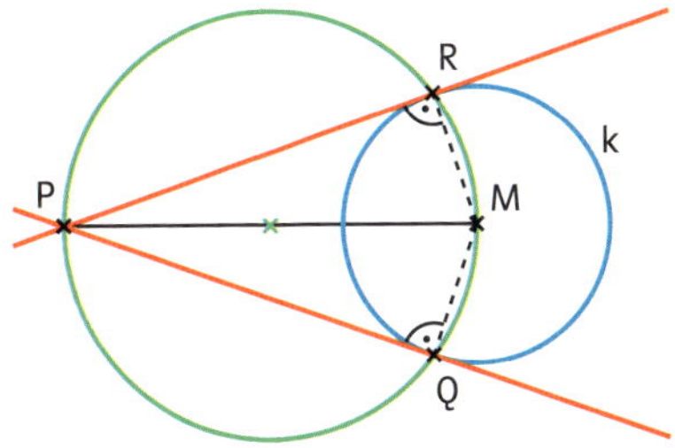

Wissen kurz gefasst

Ein Dreieck ABC, dessen Grundseite $\overline{AB}$ der Durchmesser eines Kreises ist und dessen Ecke C auf der Kreislinie liegt, ist ein rechtwinkliges Dreieck.
Umkehrung:
Ist ein Dreieck ABC rechtwinklig, so liegt die Ecke C auf dem Halbkreis über seinem Durchmesser $\overline{AB}$.

Sind die Blumen kongruent?

Definition

Zwei Figuren heißen **kongruent (deckungsgleich)**, wenn sie in Form und Größe übereinstimmen. Kongruente Figuren passen nach dem Ausschneiden genau aufeinander.

Schreibweise: $A \cong B$ sprich: A ist kongruent zu B

Eigenschaften

Stimmen zwei Vielecke in den Längen entsprechender Seiten und der Größe entsprechender Winkel überein, so sind sie kongruent.
Umgekehrt:
Sind zwei Vielecke zueinander kongruent, dann stimmen sie in den Längen entsprechender Seiten und den Größen entsprechender Winkel überein.

Figur und Bildfigur sind nach Achsenspiegelung oder Punktspiegelung zueinander kongruent.

Beispiel

Erzeuge durch Achsenspiegelung eine kongruente Figur:

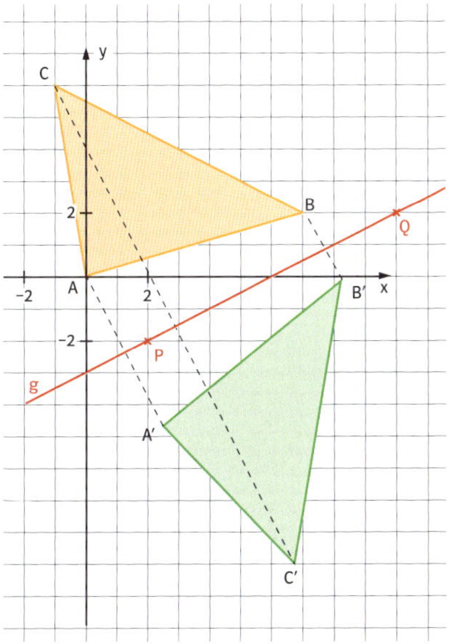

Erzeuge durch Punktspiegelung eine kongruente Figur:

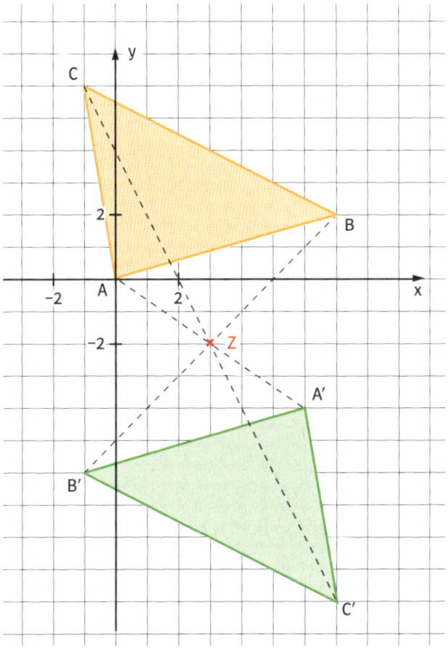

Wissen kurz gefasst ✓

Figuren, die in den entsprechenden Seiten und Winkeln übereinstimmen, sind kongruent zueinander.

$A \cong B$ sprich: A ist kongruent zu B

Kongruente Dreiecke

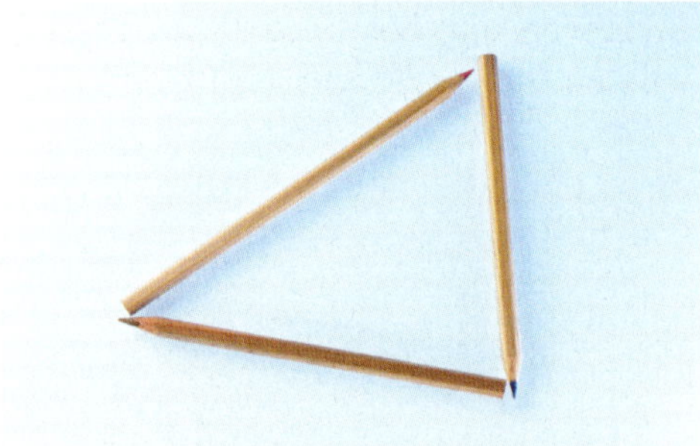

Egal, wie du die Bleistifte zu einem Dreieck legst, die Dreiecke sind kongruent zueinander.

Kongruenzsatz sss

Sind bei zwei Dreiecken alle drei entsprechenden Seiten gleich lang, so sind die beiden Dreiecke kongruent.

Die entsprechenden Winkel sind gleich groß.

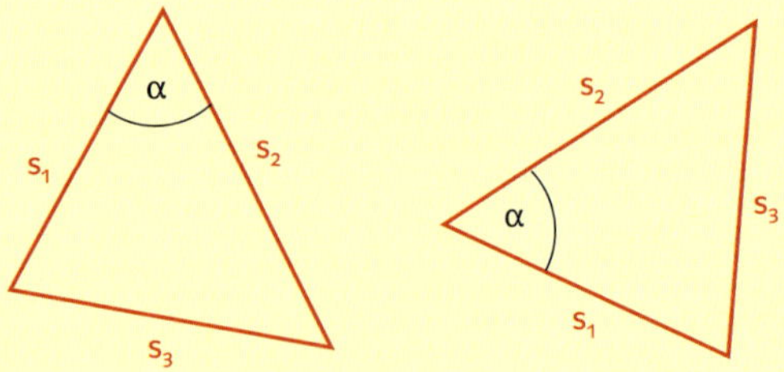

Kongruenzsatz sws

Sind bei zwei Dreiecken zwei entsprechende Seiten gleich lang und ist der eingeschlossene Winkel gleich groß, dann sind die beiden Dreiecke kongruent.

Kongruenzsatz Ssw
Sind bei zwei Dreiecken zwei entsprechende Seiten gleich lang und ist der Winkel, welcher der größeren Seite gegenüberliegt, gleich groß, dann sind die beiden Dreiecke kongruent.

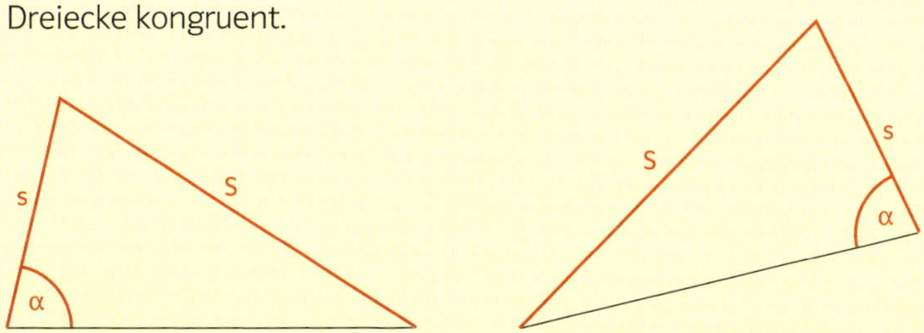

Kongruenzsatz wsw
Ist bei zwei Dreiecken eine entsprechende Seite gleich lang und sind die beiden anliegenden Winkel gleich groß, dann sind die Dreiecke kongruent.

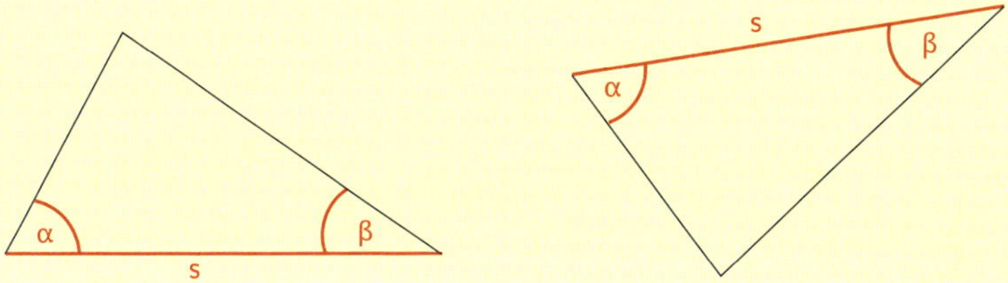

Wissen kurz gefasst ✓

Zwei Dreiecke sind kongruent, wenn sie in den folgenden Größen übereinstimmen:
- drei Seiten (sss)
- zwei Seiten und dem eingeschlossenen Winkel (sws)
- zwei Seiten und dem der längeren Seite gegenüberliegenden Winkel (ssw)
- einer Seite und den anliegenden Winkeln (wsw)

Schnittfiguren

Schneidet man einen Körper durch, so entsteht eine Fläche, die sogenannte Schnittfläche. Wie bestimmt man für beliebige Körper im Raum solche Schnittflächen?

Größen im Raum bestimmen

- Zuerst fertigt man eine räumliche Skizze der Situation an, die die gesuchte Größe enthält.

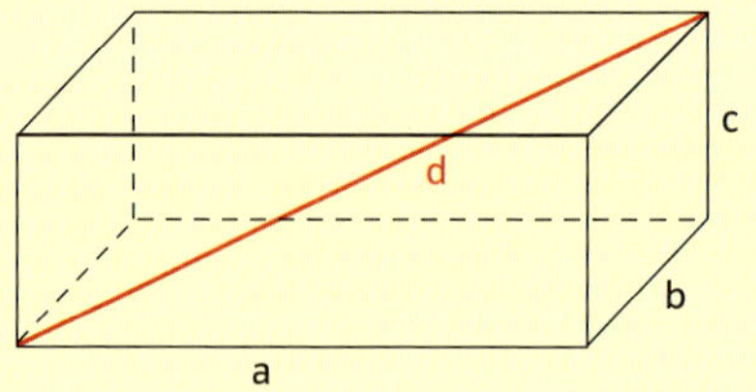

- Nun sucht man eine Schnittfläche, welche die gesuchte Größe enthält.

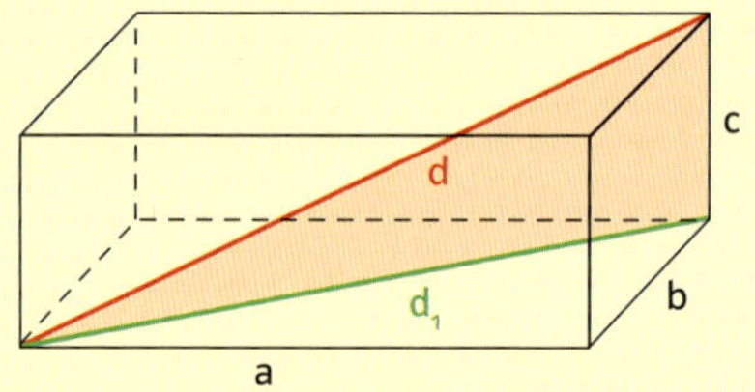

- Manchmal braucht man eine zweite Größe.

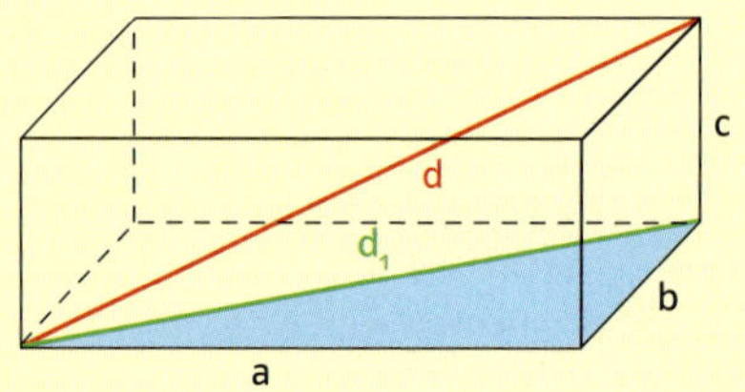

- Konstruiere das Dreieck bzw. die Dreiecke im geeigneten Maßstab.

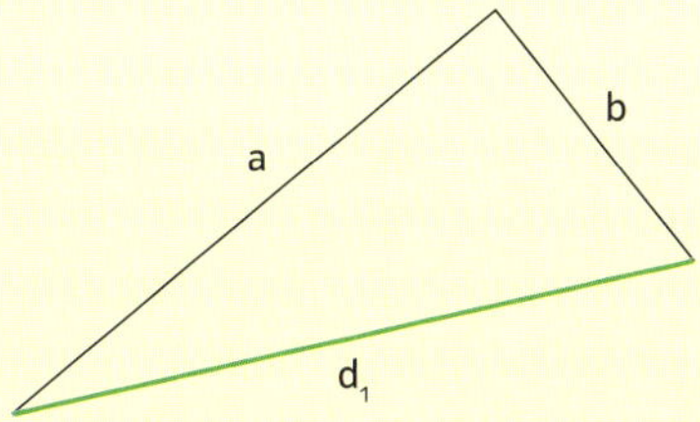

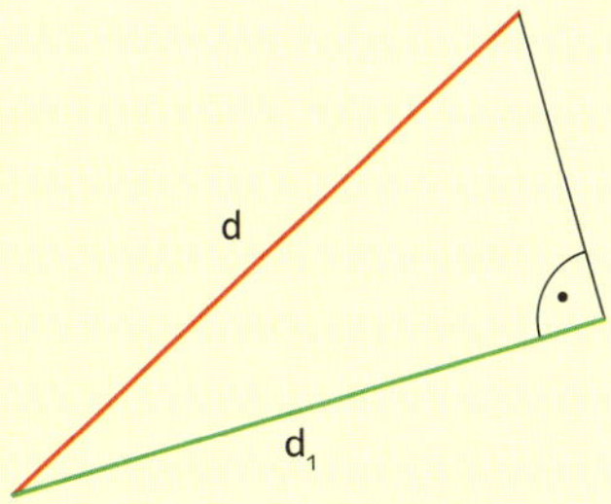

- Miss die konstruierte Länge und rechne sie anhand des Maßstabes um.

Wissen kurz gefasst

Um die Größe einer Figur im Raum zu bestimmen,
- fertigt man zunächst eine Skizze an,
- wählt eine Schnittfläche mit der gesuchten Größe,
- konstruiert das Dreieck im geeigneten Maßstab und
- misst die konstruierte Länge und rechnet sie wieder um.

F1

Wie rechnet man eine Prozentangabe in einen Bruch um?

s. Kap. 1

F2

Wie berechnet man den Prozentwert W?

s. Kap. 1

F3

Wie berechnet man den Prozentsatz p%?

s. Kap. 1

F4

Wie berechnet man den Grundwert G?

s. Kap. 1

F5

Stelle in einer Tabelle die Begriffe der Prozentrechnung denen der Zinsrechnung gegenüber.

s. Kap. 1

F6

Durch welche Eigenschaften wird ein Zufallsexperiment gekennzeichnet?

s. Kap. 2

F7

Was versteht man unter den Begriffen
- Wahrscheinlichkeit,
- absolute Häufigkeit,
- relative Häufigkeit?

s. Kap. 2

F8

Was ist ein Laplace-Experiment und wie berechnet man dessen Wahrscheinlichkeit?

s. Kap. 2

L2

Den Prozentwert W berechnet man, indem man den Prozentsatz p% mit dem Grundwert G multipliziert:

$W = p\% \cdot G = \frac{p}{100} \cdot G = \frac{p \cdot G}{100}$

L1

$p\% = \frac{p}{100}$

Beispiel:
$5\,\% = \frac{5}{100} = \frac{1}{20}$

L4

Den Grundwert G berechnet man, indem man den Prozentwert W durch den Prozentsatz p% dividiert:

$G = \frac{W}{p\%} = W \cdot \frac{100}{p}$

L3

Den Prozentsatz p% berechnet man, indem man den Prozentwert W durch den Grundwert G dividiert und das Ergebnis mit 100 multipliziert:

$p\% = \frac{W}{G} \cdot 100\,\%$

L6

- Es gibt mehrere Ergebnisse.
- Man weiß vor dem Versuch, welche Ergebnisse eintreten können.
- Man weiß vor dem Versuch nicht, welches dieser Ergebnisse eintreten wird.
- Es können nie zwei Ergebnisse gleichzeitig eintreten.
- Man kann es unter gleicher Voraussetzung beliebig oft wiederholen.

L5

Prozentrechnung	Zinsrechnung
Grundwert G	Guthaben, Kapital
Prozentwert W	Zinsen
Prozentsatz p%	Zinssatz

L8

Ein Laplace-Experiment liegt vor, wenn bei einem Zufallsexperiment alle Ergebnisse mit der gleichen Wahrscheinlichkeit auftreten.

$P(A) = \frac{\text{Anzahl der Ergebnisse, bei denen A eintritt}}{\text{Anzahl aller möglichen Ergebenisse}}$

L7

- Wahrscheinlichkeit: gibt die Chance an, mit der ein gewünschtes Ergebnis eintritt
- absolute Häufigkeit: Anzahl, wie oft das gewünschte Ergebnis eintritt
- relative Häufigkeit: absolute Häufigkeit dividiert durch die Anzahl aller Versuche

F9

Was versteht man in der Wahrscheinlichkeitsrechnung unter der Summenregel?

s. Kap. 2

F10

Was versteht man in der Wahrscheinlichkeitsrechnung unter der Pfadregel?

s. Kap. 2

F11

Was versteht man unter einem Term?

s. Kap. 3

F12

Welche Rechenregeln gelten bei einem Term?

s. Kap. 3

F13

Wie lautet das Assoziativ- und Kommutativgesetz?

s. Kap. 3

F14

Wie lautet das Distributivgesetz?

s. Kap. 3

F15

Was muss man bei Termen mit mehreren Variablen beachten?

s. Kap. 3

F16

Was versteht man unter einer Äquivalenzumformung?

s. Kap. 3

L10

Die Wahrscheinlichkeit eines Ergebnisses bei einem mehrstufigen Zufallsexperiment berechnet man mit der Pfadregel.

Die Wahrscheinlichkeit für ein Ergebnis erhält man, indem man die Wahrscheinlichkeiten längs eines Pfades beim Baumdiagramm miteinander multipliziert.

L9

Um die Wahrscheinlichkeit von Ereignissen mit mehreren Ergebnissen zu berechnen, addiert man die Wahrscheinlichkeiten jedes einzelnen Ergebnisses. Die Summe aller Wahrscheinlichkeiten eines Zufallsversuches beträgt immer 1.

L12

- Nur gleiche Variablen dürfen addiert bzw. subtrahiert werden.
- Variablen können multipliziert bzw. dividiert werden.
- Klammern werden zuerst berechnet. Es gilt: innere Klammer vor äußerer Klammer.
- Enthält der Term keine Klammern, so rechnet man von links nach rechts.
- Potenz- vor Punkt- vor Strichrechnung

L11

Unter einem Term versteht man einen Rechenausdruck, der Buchstaben als Platzhalter, sog. Variablen, enthält.

Beispiele:
$3a + 5$
$5a + 9c - 6b$

L14

Distributivgesetz:
$a \cdot (b + c) = a \cdot b + a \cdot c$
$(a + b) \cdot c = a \cdot c + b \cdot c$

$a \cdot (b - c) = a \cdot b - a \cdot c$

$(a + b) \cdot (c + d) = a \cdot c + a \cdot d + b \cdot c + b \cdot d$

L13

Assoziativgesetz:
$(a + b) + c = a + (b + c)$
$(a \cdot b) \cdot c = a \cdot (b \cdot c)$

Kommutativgesetz:
$a + b = b + a$
$a \cdot b = b \cdot a$

L16

Umformungen, bei denen die Lösung der Gleichung erhalten bleibt und keine weitere hinzugefügt wird.
Äquivalenzumformungen:
- beide Seiten mit der gleichen Zahl oder dem gleichen Term addieren und subtrahieren
- beide Seiten mit der gleichen Zahl (ungleich Null) multiplizieren oder dividieren

L15

- Für gleiche Variablen muss man immer die gleiche Zahl einsetzen.
- Für unterschiedliche Variablen kann man unterschiedliche Zahlen einsetzen.
- Nur gleiche Variablen können miteinander addiert oder voneinander subtrahiert werden.

F17

Welche wichtige Regel gibt es bei Ungleichungen zu beachten?

s. Kap. 3

F18

Was versteht man unter einer Zuordnung?

s. Kap. 4

F19

Was versteht man unter einer proportionalen Zuordnung?

s. Kap. 4

F20

Was versteht man unter einer antiproportionalen Zuordnung?

s. Kap. 4

F21

Was ist eine Funktion?

s. Kap. 4

F22

Wodurch ist eine proportionale Funktion gekennzeichnet?

s. Kap. 4

F23

Was versteht man unter einer linearen Funktion?

s. Kap. 4

F24

Wie löst man eine lineare Gleichung mit einer Variablen?

s. Kap. 5

L18

Eine Beziehung bzw. Abhängigkeit zwischen zwei Größen.
Eine Zuordnung kann in Form eines Textes, einer Tabelle, eines Diagramms oder durch Pfeile dargestellt werden.

L17

Multipliziert man eine Ungleichung mit einer negativen Zahl, so muss man das Ungleichheitszeichen umdrehen.

L20

- Verdoppelt (verdreifacht, vervierfacht, …) man die erste Größe, so halbiert (drittelt, viertelt, …) sich die zugeordnete Größe.
- Halbiert (drittelt, viertelt, …) man die erste Größe, so verdoppelt (verdreifacht, vervierfacht, …) sich die zugeordnete Größe.

L19

- Verdoppelt (verdreifacht, vervierfacht, …) man die erste Größe, so verdoppelt (verdreifacht, vervierfacht, …) sich auch die zugeordnete Größe.
- Halbiert (drittelt, viertelt, …) man die erste Größe, so halbiert (drittelt, viertelt, …) sich auch die zugeordnete Größe.

L22

Proportionale Funktionen haben die gleichen Eigenschaften wie proportionale Zuordnungen.
Die Funktionsgleichung lautet:
$y = mx$, wobei m die Steigung ist.
Der Graph einer proportionalen Funktion ist eine Gerade durch den Ursprung.

L21

Bei einer Funktion wird jedem Wert x aus der Definitionsmenge genau ein Wert y aus der Wertemenge W zugeordnet.
Funktionen kann man durch eine Zuordnungsvorschrift oder Funktionsgleichung, mit einer Wertetabelle oder durch einen Graphen darstellen.

L24

Eine lineare Gleichung $ax + b = 0$ kann man
- rechnerisch mittels Äquivalenzumformungen,
- zeichnerisch mittels des Graphen einer linearen Funktion

lösen.

L23

Addiert man bei einer proportionalen Funktion zu jedem Funktionswert die gleiche Zahl c, so wird die Gerade parallel zur Ursprungsgerade nach oben oder unten verschoben.
Funktionsgleichung:
$y = mx + c$, wobei m = Steigung und
c = y-Achsenabschnitt

F25

Wie löst man eine lineare Gleichung mit zwei Variablen?

s. Kap. 5

F26

Was ist ein lineares Gleichungssystem und wie kann man es rechnerisch lösen?

s. Kap. 5

F27

Wie kann man ein lineares Gleichungssystem zeichnerisch lösen?

s. Kap. 5

F28

Was sind rationale und irrationale Zahlen?

s. Kap. 6

F29

Was sind reelle Zahlen?

s. Kap. 6

F30

Was versteht man unter einer Quadratwurzel?

s. Kap. 6

F31

Wie berechnet man das Produkt bzw. den Quotienten zweier Wurzeln?

s. Kap. 6

F32

Was ist eine Normalparabel?

s. Kap. 7

L26

Ein lineares Gleichungssystem besteht aus zwei linearen Gleichungen mit dem gleichen Zahlenpaar als Lösung. Es kann eine, keine oder unendlich viele Lösungen haben.
Man kann es lösen durch:
- Einsetzungsverfahren
- Gleichsetzungsverfahren
- Additionsverfahren

L25

Eine lineare Gleichung mit 2 Variablen $ax + by = c$ hat als Lösung unendlich viele Zahlenpaare. Diese Zahlenpaare liegen alle auf einer Geraden.
Lösungsmethode:
- Bringe die Gleichung auf die Form $y = ax + b$.
- Wähle für x eine Zahl und bestimme y.

L28

Jede rationale Zahl kann man als Bruch sowie als abbrechende oder periodische Dezimalzahl darstellen.
Irrationale Zahlen kann man nicht als Bruch darstellen. Sie sind nicht periodisch und haben unendlich viele Nachkommastellen.

L27

Man bringt beide Gleichungen auf die Form $y = ax + b$ und zeichnet beide Geraden in ein Koordinatensystem.
Der Schnittpunkt der beiden Geraden ist das gesuchte Lösungspaar.
Sind die beiden Geraden parallel, so hat das Gleichungssystem keine Lösung. Sind die beiden Geraden identisch, so hat es unendlich viele Lösungen.

L30

Unter der Quadratwurzel von a versteht man eine nicht negative Zahl, die quadriert a ergibt.
Beispiel:

$\sqrt{64} = \sqrt{8^2} = 8$

L29

Die rationalen und die irrationalen Zahlen bilden die Menge der reellen Zahlen.

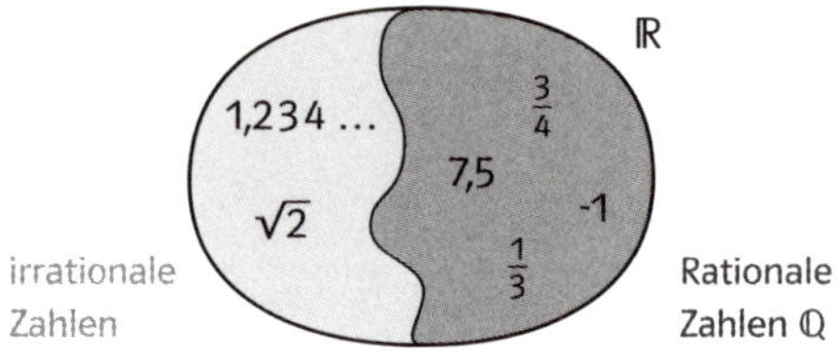

L32

Eine Normalparabel ist der Graph der speziellen quadratischen Gleichung $y = x^2$.
Eigenschaften:
- Er ist symmetrisch zur y-Achse.
- Der Scheitel ist der tiefste Punkt.

Links vom Scheitel fällt der Graph, rechts vom Scheitel steigt er.

L31

Produkt:

$\sqrt{a} \cdot \sqrt{b} = \sqrt{a \cdot b}$

Quotient:

$\frac{\sqrt{a}}{\sqrt{b}} = \sqrt{\frac{a}{b}}$

F33

Was versteht man unter einer quadratischen Funktion?

s. Kap. 7

F34

Wie lauten die Scheitel- und die Normalform einer quadratischen Funktion?

s. Kap. 7

F35

Was ist eine Potenzfunktion?

s. Kap. 7

F36

Was versteht man unter einer quadratischen Gleichung?

s. Kap. 8

F37

Wie löst man eine quadratische Gleichung zeichnerisch?

s. Kap. 8

F38

Wie lauten die binomischen Formeln?

s. Kap. 8

F39

Was versteht man unter der quadratischen Ergänzung?

s. Kap. 8

F40

Wie lautet die Lösungsformel der quadratischen Gleichung,
wenn die Gleichung in allgemeiner Form $ax^2 + bx + c = 0$ gegeben ist?

s. Kap. 8

L34

Scheitelform:
$y = a(x-d)^2 + e \quad (a \neq 0)$

Den Scheitel kann man direkt ablesen:
$S(d/e)$

Normalform:
$y = ax^2 + bx + c \quad (a \neq 0)$

L33

$y = a(x-d)^2 + e$
Der Graph ist eine Parabel. Man erhält sie aus der Normalparabel, indem man sie

- um d Einheiten entlang der x-Achse verschiebt,
- mit dem Faktor a streckt, staucht oder spiegelt,
- um e Einheiten entlang der y-Achse verschiebt.

L36

Eine Gleichung, die man mittels Umformungen auf die Form
$ax^2 + bx + c = 0 \quad (a \neq 0)$ bringen kann.

Man unterscheidet gemischtquadratische ($ax^2 + bx + c = 0$) und reinquadratische ($ax^2 + c = 0$) Gleichungen.

L35

Eine Funktion mit der Gleichung
$y = x^n \, (x \in \mathbb{R}, n \in \mathbb{N})$.
Der Parameter n gibt den Grad der Potenzfunktion an.
Man unterscheidet zwischen Potenzfunktionen mit geraden und ungeraden Hochzahlen.

L38

1. binomische Formel:
   $(a+b)^2 = a^2 + 2ab + b^2$

2. binomische Formel:
   $(a-b)^2 = a^2 - 2ab + b^2$

3. binomische Formel:
   $(a+b) \cdot (a-b) = a^2 - b^2$

L37

Es gibt zwei Möglichkeiten:
1. Man zeichnet die zugehörige Funktion und bestimmt deren Nullstellen.
2. Man formt die Gleichung so um, dass auf der einen Seite die Gleichung der Normalparabel und auf der anderen eine lineare Funktion steht. Man zeichnet beide Funktionen in ein Schaubild und bestimmt deren Schnittpunkte.

L40

$$x_{1,2} = \frac{-b \pm \sqrt{b^2 - 4ac}}{2a}$$

wobei $D = b^2 - 4ac$

- zwei Lösungen, wenn $D > 0$
- eine Lösung, wenn $D = 0$
- keine Lösung, wenn $D < 0$

L39

Damit kann man jede gemischtquadratische Gleichung auf die Form
$(x-d)^2 = r$ bringen und lösen.
Dazu ergänzt man den Term $x^2 + px$ so, dass man den neuen Term mit einer binomischen Formel als Quadrat schreiben kann.

F41

Wie lautet die Lösungsformel der quadratischen Gleichung, wenn die Gleichung in Normalform $x^2 + px + c = 0$ gegeben ist?

s. Kap. 8

F42

Was versteht man unter Neben- und Scheitelwinkel?

s. Kap. 9

F43

Was versteht man unter Stufenwinkeln?

s. Kap. 9

F44

Was versteht man unter Wechselwinkeln?

s. Kap. 9

F45

Was ist ein spitzwinkliges Dreieck?

s. Kap. 9

F46

Was ist ein stumpfwinkliges Dreieck?

s. Kap. 9

F47

Was ist ein rechtwinkliges Dreieck?

s. Kap. 9

F48

Was versteht man unter einem gleichschenkligen Dreieck und welche Eigenschaften hat es?

s. Kap. 9

L42

Bei sich schneidenden Geraden heißen gegenüberliegende Winkel Scheitelwinkel. Nebeneinanderliegende Winkel heißen Nebenwinkel.
Scheitelwinkel sind gleich groß.
Nebenwinkel ergänzen sich zu 180°.

L41

$$x_{1,2} = -\frac{p}{2} \pm \sqrt{\left(\frac{p}{2}\right)^2 - q}$$

wobei $D = \left(\frac{p}{2}\right)^2 - q$

L44

Wechselwinkel entstehen, wenn sich 3 Geraden schneiden:

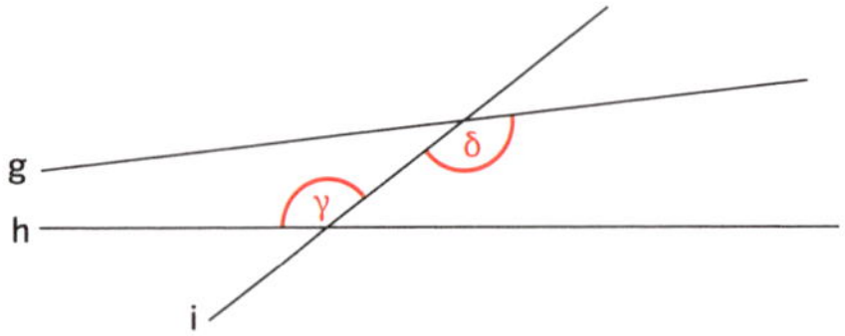

δ und γ sind Wechselwinkel.

L43

Stufenwinkel entstehen, wenn sich 3 Geraden schneiden:

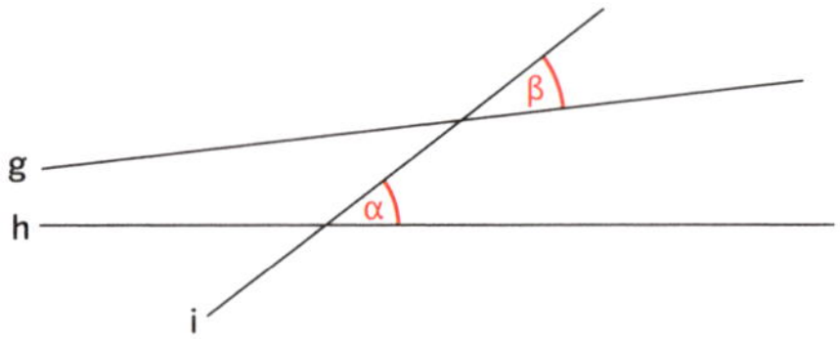

α und β sind Stufenwinkel.

L46

Ein Dreieck, bei dem ein Innenwinkel größer ist als 90°.

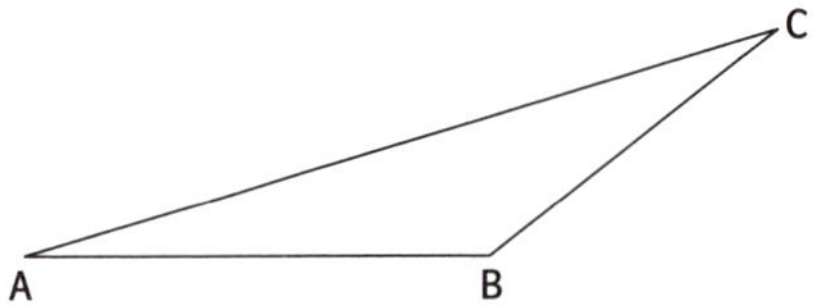

L45

Ein Dreieck, in dem jeder Innenwinkel kleiner ist als 90°.

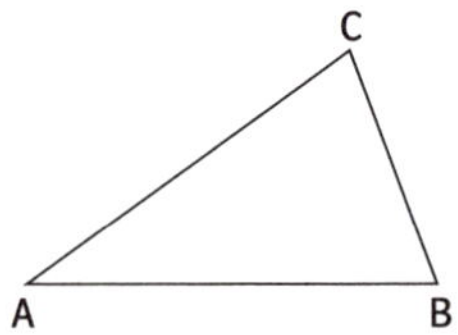

L48

Ein gleichschenkliges Dreieck hat zwei gleich lange Seiten, die Schenkel. Die dritte Seite heißt Basis.
Eigenschaften:

- Die Basiswinkel sind gleich groß.
- Es ist achsensymmetrisch.

L47

Ein Dreieck, bei dem ein Innenwinkel 90° ist.

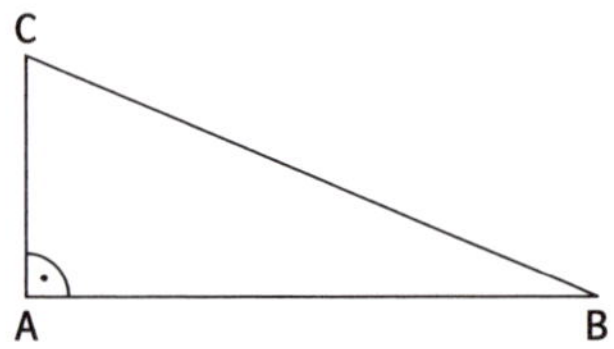

F49

Was versteht man unter einem gleichseitigen Dreieck und welche Eigenschaften hat es?

s. Kap. 9

F50

Wie lauten die Dreiecksungleichungen?

s. Kap. 9

F51

Was ist eine Mittelsenkrechte und welche Eigenschaften hat sie?

s. Kap. 9

F52

Wie konstruiert man eine Mittelsenkrechte?

s. Kap. 9

F53

Wie konstruiert man die Senkrechte zu einer Geraden durch einen Punkt P, wenn dieser nicht auf der Geraden liegt?

s. Kap. 9

F54

Wie konstruiert man die Senkrechte zu einer Geraden durch einen Punkt P, wenn dieser auf der Geraden liegt?

s. Kap. 9

F55

Was ist eine Winkelhalbierende und welche Eigenschaften hat sie?

s. Kap. 9

F56

Wie konstruiert man eine Winkelhalbierende?

s. Kap. 9

L50

$a + b > c$
$b + c > a$
$a + c > b$

Ist eine dieser Dreiecksungleichungen nicht erfüllt, so ist das Dreieck nicht konstruierbar.

L49

Ein gleichseitiges Dreieck hat drei gleich lange Seiten.
Eigenschaften:
- Alle Innenwinkel sind gleich groß und betragen 60°.
- Das Dreieck ist achsensymmetrisch.

L52

Man zeichnet zuerst um zwei Punkte A und B zwei Kreise mit gleichem Radius, die sich schneiden. Dann zeichnet man eine Gerade durch die Schnittpunkte der beiden Kreise.

L51

Die Mittelsenkrechte m einer Strecke $\overline{AB}$ ist der geometrische Ort aller Punkte, die von A und B den gleichen Abstand haben.
- m halbiert die Strecke und geht durch den Mittelpunkt m.
- m steht senkrecht auf $\overline{AB}$.
- m ist Symmetrieachse von $\overline{AB}$.

L54

Man zeichnet einen Kreis um P mit beliebigem Radius. Er schneidet die Gerade in A und B.
Anschließend konstruiert man die Mittelsenkrechte der Strecke $\overline{AB}$.

L53

Man zeichnet einen Kreis um P mit beliebigem Radius, der die Gerade g schneidet. Die Schnittpunkte heißen A und B.
Anschließend konstruiert man die Mittelsenkrechte der Strecke $\overline{AB}$.

L56

Man zeichnet um den Scheitel S des Winkels einen Kreis. Dieser schneidet die beiden Schenkel in den Punkten A und B. Anschließend konstruiert man die Mittelsenkrechte der Strecke $\overline{AB}$.
Die Mittelsenkrechte der Strecke $\overline{AB}$ ist die Winkelhalbierende.

L55

Die Winkelhalbierende ist der geometrische Ort aller Punkte, die von den beiden Schenkeln des Winkels den gleichen Abstand haben.
- w halbiert den Winkel.
- Jeder Punkt auf w hat von den beiden Schenkeln den gleichen Abstand.

F57

Was ist der Umkreis eines Dreiecks?

s. Kap. 9

F58

Was ist der Inkreis eines Dreiecks?

s. Kap. 9

F59

Was besagt der Satz des Thales?
Wie lautet seine Umkehrung?

s. Kap. 9

F60

Was versteht man unter Kongruenz?

s. Kap. 10

F61

Was besagt der Kongruenzsatz sss?

s. Kap. 10

F62

Was besagt der Kongruenzsatz sws?

s. Kap. 10

F63

Was besagt der Kongruenzsatz ssw?

s. Kap. 10

F64

Was besagt der Kongruenzsatz wsw?

s. Kap. 10

L57

Der Umkreis eines Dreiecks ist der Kreis, der durch alle 3 Eckpunkte des Dreiecks verläuft.

In jedem Dreieck schneiden sich die drei Mittelsenkrechten in einem Punkt, dem Mittelpunkt U des Umkreises.
Die Eckpunkte haben von U den gleichen Abstand.

L58

Der Inkreis ist der Kreis, der alle drei Seiten des Dreiecks berührt.

In jedem Dreieck schneiden sich die drei Winkelhalbierenden in einem Punkt, dem Mittelpunkt I des Inkreises.
I hat von den drei Seiten den gleichen Abstand.

L59

Ein Dreieck ABC, dessen Grundseite $\overline{AB}$ der Durchmesser eines Kreises ist und dessen Ecke C auf der Kreislinie liegt, ist ein rechtwinkliges Dreieck.
Umkehrung:
Ist ein Dreieck ABC rechtwinklig, so liegt die Ecke C auf dem Kreis über seinem Durchmesser $\overline{AB}$.

L60

Stimmen zwei Figuren in Form und Größe überein, so sind sie kongruent.
Nach dem Ausschneiden passen sie exakt übereinander.

$A \cong B$

L61

Sind bei zwei Dreiecken alle drei entsprechenden Seiten gleich lang, so sind die beiden Dreiecke kongruent.

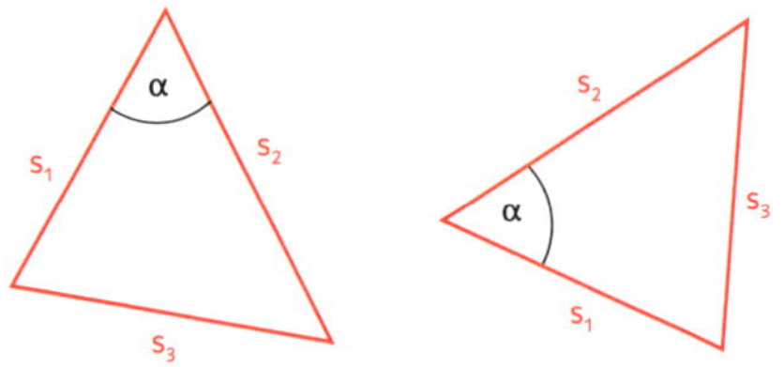

L62

Sind bei zwei Dreiecken zwei entsprechende Seiten gleich lang und ist der eingeschlossene Winkel gleich groß, dann sind die beiden Dreiecke kongruent.

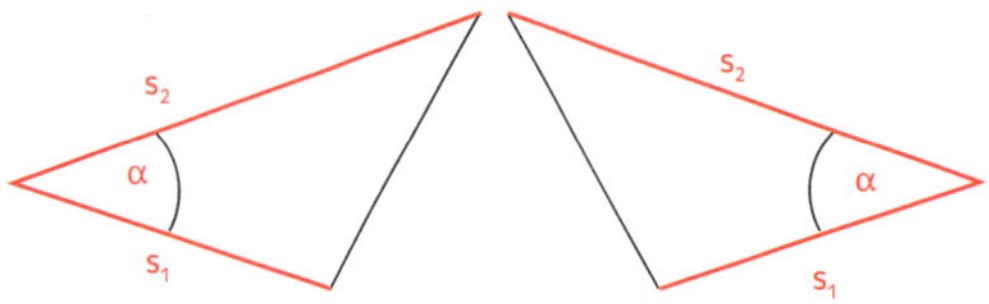

L63

Sind bei zwei Dreiecken zwei entsprechende Seiten gleich lang und ist der Winkel, der der größeren Seite gegenüberliegt, gleich groß, dann sind die beiden Dreiecke kongruent.

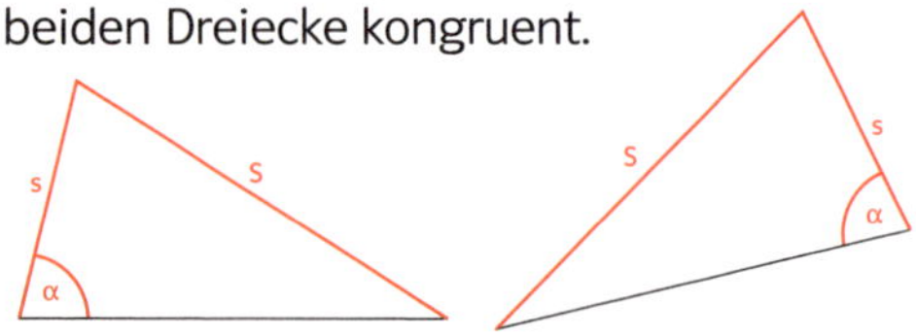

L64

Ist bei zwei Dreiecken eine entsprechende Seite gleich lang und sind die beiden anliegenden Winkel gleich groß, dann sind die Dreiecke kongruent.

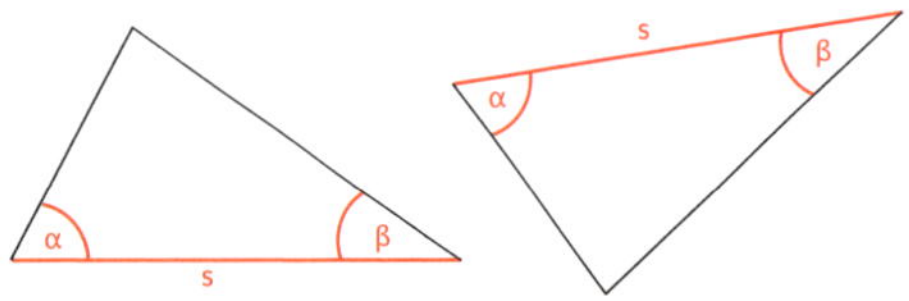